Go 言語による分散サービス

信頼性、拡張性、保守性の高い
システムの構築

Travis Jeffery　著

柴田 芳樹　訳

Distributed Services with Go

Your Guide to Reliable, Scalable, and Maintainable Systems

Travis Jeffery

The Pragmatic Bookshelf

Raleigh, North Carolina

本書への推薦の言葉

私は、この本の恩恵を受けることなく、説明されている技術のほとんどを構築してきました。その経験から、『Go言語による分散サービス』を強く推薦します。Travisは、長年の実践的な経験を、基礎知識から本番デプロイまでステップを踏んで、明快で簡潔なガイドにまとめています。この本を強く推薦します。

Brian Ketelsen

プリンシパル・デベロッパー・アドボケート（マイクロソフト社）、GopherConの幹事

この実用的で魅力的な本の中で、Travis Jefferyは、分散システムを構築するための道を明るく照らしています。この本を読んで、学んで、そしてコーディングしてください。

Jay Kreps

Confluent社のCEO、Apache Kafkaの共同開発者

Travis Jefferyは、従来は学術的な話題であった分散システムを、実際に運用するための一連の実用的なステップにまで落とし込んでいます。この本では、実際にソフトウェアエンジニアが日々使っている現実的なコンセプトに焦点を当てています。これから分散システムを始める中級者や、理解を深めたい上級者にも最適な一冊です。

Ben Johnson

BoltDBの作者

Gopherを目指す人にとって、Travisは分散システムの複雑な話題を分かりやすく紹介し、コンセプトを適用するためのハンズオン形式の取り組みを提供しています。

Armon Dadgar

HashiCorp社の共同創立者

大規模なシステムを構築する Gopher にとって、必携の本です。

William Rudenmalm
主任開発者（CREANDUM 社）

この本は、分散システムの構築と保守を目指す Go 開発者のための素晴らしい情報源です。インクリメンタル開発プロセスと豊富なコード例を組み合わせて、独自の分散サービスを作成する方法、その動作の仕組みを理解する方法、そして他の人が使えるようにサービスをデプロイする方法を教えてくれます。

Nishant Roy
テックリード

はじめに

Docker、Etcd、Vault、CockroachDB、Prometheus、Kubernetesといったプロジェクトにみられるように、Goは分散サービスを構築するための最も広く使われている言語となっています。しかし、このような著名なプロジェクトが多数あるにもかかわらず、これらのプロジェクトを拡張したり、独自のプロジェクトを構築したりする理由や方法を教えてくれる教材はありません。

分散サービスを構築したい場合、何から始めればよいのでしょうか。

私が分散サービスの構築方法を学び始めたとき、既存の情報源は両極端であると思いました。

- 具体的なコード：分散サービスは大規模で複雑なプロジェクトであり、著名なプロジェクトには何年も前から取り組んでいるチームがあります。これらのプロジェクトの設計、技術的負債、スパゲッティコードは、あなたが興味を持っているアイデアを埋没させてしまうので、それを掘り起こさなければなりません。それらのプロジェクトのコードから学ぶことは、非効率的です。さらに、自分のプロジェクトでは避けたほうがよい、時代遅れで無関係な技術を発見してしまう危険性もあります。
- 抽象的な論文や書籍：論文やMartin Kleppmannの『データ指向アプリケーションデザイン』[1]といった書籍は、分散サービスの背後のデータ構造やアルゴリズムの仕組みを説明していますが、それらを個別のアイデアとして取り上げているため、プロジェクトに適用する前に、自分で結び付ける必要があります。

この二つの極端なケースは、あなたが飛び越えなければならない溝です。私が欲しかったのは、私の手を取って、分散サービスの構築方法を教えてくれる教材です。つまり、分散サービスの背景にある大きなアイデアを説明し、それをどのようにして作るのかを教えてくれる教材です。

私は、この本をその教材にするために書きました。この本を読めば、自分で分散サービスを構築し、既存のサービスに貢献できるようになります。

---

[1] 『データ指向アプリケーションデザイン』斉藤 太郎 監訳、玉川 竜司 訳、オライリー・ジャパン、2019年、原書『Designing Data-Intensive Applications』O'Reilly Media。

対象とする読者とオンライン情報

　この本は、分散サービスの構築方法を学びたい中級者から上級者向けの書籍で、Goプログラマを対象としています。Goの経験は役立ちますが、熟達者である必要はありません。この本では、分散サービスの作り方を紹介していますが、そのコンセプトはどの言語を使っていても同じです。したがって、Goで分散サービスを書いているのなら、この本を最大限に活用できます。Goで書いていなくても、どの言語でもこの本で説明するアイデアを応用できます。

　コードは、Go 1.16以降と互換性があります。原著のコードは、https://github.com/travisjeffery/proglogとPragmatic Bookshelfのウェブサイトhttps://pragprog.com/book/tjgoで公開されています。

日本語版について

　原著のコードは、Go 1.13以降と互換性があります。しかし、この日本語版では、Go 1.16で非推奨となったioutilパッケージを使わないようにコードを修正しており、Go 1.16以降としか互換性がありません。

　この日本語版で修正したコードは、https://github.com/YoshikiShibata/proglogに掲載しています。

この本の内容

　この本では、Goで何ができるかを探求するために、分散サービスの設計、開発、デプロイを行います。複数レイヤ構成のサービスを開発し、デプロイします。必要最小限のストレージ処理から、クライアントとサーバのネットワーク、サーバインスタンスの分散化、デプロイ、テストまでを行います。この本はレイヤに沿って4つの部に分かれています（以下で紹介する技術について詳しくなくても、関連する章で説明するので心配しないでください）。

第I部：さあ始めましょう

　基本的な要素から始めます。この本のプロジェクトでのストレージレイヤの構築とデータ構造の定義を行います。

　「1章　レッツGo」（3ページ）では、HTTPを介した簡単なJSONによるコミットログのサービスを構築することでプロジェクトを始めます。

　「2章　プロトコルバッファによる構造化データ」（13ページ）では、protobufを設計し、データ構造を生成し、変更に応じて素早くコードを生成するために自動化の設定を行います。

　「3章　ログパッケージの作成」（23ページ）では、サービスの中核となるコミットログのライブ

ラリを構築し、データの保存と検索を行います。

第Ⅱ部：ネットワーク

第Ⅱ部では、サービスをネットワーク上で動作させます。

「4章　gRPCによるリクエスト処理」（57ページ）では、gRPCを設定し、protobufでクライアントとサーバ間のAPIを定義し、クライアントとサーバを構築します。

「5章　安全なサービスの構築」（79ページ）では、クライアントとサーバ間でやり取りされるデータを暗号化するSSL/TLSや、アクセストークンによるリクエストの認証を行うことにより、コネクションを安全にします。

「6章　システムの観測」（105ページ）では、ログ、メトリクス、トレースを追加して、サービスを観測可能にします。

第Ⅲ部：分散化

第Ⅲ部では、サービスを分散させて、高い可用性、耐障害性、拡張性を実現します。

「7章　サーバ間のサービスディスカバリ」（119ページ）では、サービスにディスカバリを組み込んで、サーバのインスタンスが互いに認識できるようにします。

「8章　合意形成によるサービス連携」（147ページ）では、サーバの処理を連携させるために合意形成（*consensus*）を追加し、サーバをクラスタ化します。

「9章　サーバディスカバリとクライアント側ロードバランス」（179ページ）では、gRPCクライアントにディスカバリ機能を持たせることで、サーバを発見し、クライアント側ロードバランスを用いてサーバへ接続します。

第Ⅳ部：デプロイ

第Ⅳ部では、サービスをデプロイし、本番に臨みます。

「10章　Kubernetesでローカルにアプリケーションをデプロイ」（203ページ）では、ローカルでKubernetesを立ち上げ、ローカルマシンでクラスタを実行します。そして、クラウドへのデプロイの準備をします。

「11章　アプリケーションをKubernetesでクラウドにデプロイ」（231ページ）では、Google CloudのGoogle Kubernetes Engine上にKubernetesクラスタを作成し、インターネットからサービスを利用できるようにクラウドにデプロイします。

この本を読みながらプロジェクトを構築する場合（素晴らしいアイデアです）、コードが動作するように各部を順番に読んでください。あるいは、読み飛ばしても構いません。なぜなら、各章で説明するアイデアは、単独でも価値があるので、順番でなくても構いません。

レッツGo！

お問い合わせ

本書に関する意見、質問等は、オライリー・ジャパンまでお寄せください。

株式会社オライリー・ジャパン
電子メール　japan@oreilly.co.jp

この本のWebページには、正誤表やコード例などの追加情報を掲載しています。

https://www.oreilly.co.jp/books/9784873119977（和書）
https://pragprog.com/book/tjgo（原書）

オライリーに関するその他の情報については、次のオライリーのWebサイトを参照してください。

https://www.oreilly.co.jp
https://www.oreilly.com（英語）

謝辞

執筆を始めてから二年半後、この本を書き終えた私は、こうして謝辞を書いています。この本を執筆することは、私がこれまでに行ってきたことの中で最も難しいことでした。私はいくつかのスタートアップ企業やオープンソースのプロジェクトを立ち上げましたが、この本の執筆は、それらよりも大変でした。人々が楽しみ、役立つと思えるような本を書くことを目指しました。私は、自分や自分の仕事に批判的で、価値がないと判断したものは出さないようにしています。妥協したくなかったので、執筆に時間がかかりました。この本には満足していますし、自分自身を誇りに思っています。

編集者のDawn SchanafeltとKatharine Dvorakには、辛抱強く文章の改善を助けてくれ、つらい時期にやる気を起こさせてくれたことに感謝します。

出版社であるThe Pragmatic Bookshelf[2]には、初めての本を書く際に受けたガイダンスと、私が気付いていないすべての作業に感謝します。

この本のレビューアやベータ版の読者には、感想をいただきましたし、改善に役立つ提案や誤りの指摘をいただきました。Clinton Begin、Armon Dadgar、Ben Johnson、Brian Ketelsen、Jay Kreps、Nishant Roy、William Rudenmalm、Tyler Treatに感謝します。

---

[2] 訳注：原著の出版社です。

　勉強したり、変更したり、実行したりするためのコードを公開してくれている、フリーでオープンソースのソフトウェアコミュニティに感謝します。特に、この本で使っているRaftとSerfのパッケージや、私が多くのことそのソースから学んだConsulのようなサービスをオープンソース化しているHashiCorp社の方々に感謝します。私がこの本を書くのに利用したテキストエディタとオペレーティングシステムであるEmacsとLinuxのコントリビュータ達に感謝します。簡潔で安定した、役立つ言語を作ってくれているGoチームに感謝します。

　私の両親、DaveとTricia Jefferyには、私の最初のコンピュータとプログラミングの本を買ってくれて、よい働きをするという倫理感で私を励ましてくれたことに感謝します。

　高校時代の英語の先生、Graziano Galatiに感謝します。人生の適切な時期に適切な読み物を与えてくれました。

　『指輪物語』(*The Lord of the Rings*)を執筆したJ.R.R.Tolkienに感謝します。この本を書きながら読んだのですが、フロドとサムワイズの仲のよさが執筆の助けになりました。

　愛猫のCallie Jefferyに感謝します。この本を書き始めて4分の1が終わった頃に飼い始めたのですが、彼女がディスカッションに貢献してくれたおかげで、私の執筆ペースが上がりました。

　Emily Davidsonの愛とサポートに感謝します。そして、ブロッコリーのスープ、ジンジャー紅茶キノコ[†3]、抹茶で元気付けてくれたことにも感謝します。

　スキルや知識を自主的に高め、世界に影響を与えるという野心を持ってくれている、読者のみなさんに感謝します。

Travis Jeffery

---

†3　訳注：「紅茶キノコ」はキノコではなく、発酵飲料です。「コンブチャ」とも呼ばれますが、「昆布茶」ではありません。

目　次

第II部　ネットワーク 　　　　　　　　　　　　　　　　　　　55

4章　gRPCによるリクエスト処理 　　　　　　　　　　　　57

5章　安全なサービスの構築 　　　　　　　　　　　　　　79

6章　システムの観測 　　　　　　　　　　　　　　　　105

第I部
さあ始めましょう

1章
レッツGo

　私はこれまでに、C、Ruby、Python、JavaScript、Java、Elixir、Erlang、Bashなどを使ってプログラムを書いてきました。これらの言語には、それぞれ素晴らしい点がたくさんありましたが、常に少なくともいくつかのとても気になる点がありました。C言語にはモジュールがありませんし、Rubyは十分に速くないですし、JavaScriptとその型システムは自分が正気かと疑わせるようなもの、といったことです。つまり、それぞれの言語には、料理人が使うさまざまなナイフのように、特定の使用目的があったのです。たとえば、料理人は大きな骨を切るときに大包丁を使います。同様に、私がJavaを使うのは、大きなオブジェクト指向プログラムを書くときで、プログラムを開始してから実行する準備ができるまでにお茶を飲みたいときです[†1]。料理人は小さくて繊細な切り口を作るときに果物ナイフを使いますが、私は小さくてポータブルなスクリプトを書くときにBashを使います。でも、ほとんどの場面で使えて、自分をイライラさせないような言語があればいいのに、といつも思っていました。

　最終的に私は、次のことが可能なGo言語に出会いました。

- Rubyのようなインタプリタ言語よりも高速にプログラムをコンパイル、実行できます。
- 高度に並行なプログラムを書けます。
- オペレーティングシステム上で直接動作します。
- パッケージといった現代的な機能を使えます（一方で、クラスのように必要のない多くの機能を除外しています）。

　「Goにはもっと多くの機能があるから、何か気になることがあったはずでは」と思われるかもしれません。しかし、そうではありませんでした。まるでGoの設計者が、他の言語で私を悩ませていたものをすべて取り除いて、無駄のない素晴らしいプログラミング言語であるGoを作ったかのようでした。Goは、私が初めてプログラミングに夢中になったのと同じ感覚を与えてくれました。何か問題があれば、それは私のせいであり、言語の機能の多さで私が混乱させられているのではな

[†1]　訳注：Javaで書かれた大きなプログラムは起動に時間がかかるので、待っている間にお茶が飲めるという意味です。

く、私自身が単に誤っているということです。Javaが大包丁で、Bashが果物ナイフなら、Goは刀です。侍は刀を自分の延長線上にあるものと考えていて、刀の達人になることを目指しながら一生を共にするものだと思っていました。それは、私がGoに対して感じていることと同じです。

　Goが最も大きな影響を与えたソフトウェア領域を選ぶとしたら、それは分散システムの領域でしょう。Docker、Kubernetes、Etcd、Prometheusなどのプロジェクトの開発者がGoを使うことにしたのには理由があります。GoogleはGoとその標準ライブラリを、Googleにおけるソフトウェアの問題に対する答えとして開発しました。マルチコアプロセッサ、ネットワークシステム、大規模な計算クラスタといったものは、分散システムです。それらは、コード行数、プログラマ、マシンの点で大規模なものです。あなたはGoプログラマですから、このようなシステムを使い、その仕組みやデバッグ方法、貢献の方法などを知りたいと思っているでしょう。あるいは、自分でも同じようなプロジェクトを構築したいと思っているでしょう。私の場合もそうでした。働いてきた会社ではDockerやKubernetesを使っていましたし、GoでKafka（分散コミットログ）を実装しているJocko[†2]のような自分のプロジェクトも構築してきました。

　Goでこれらすべてを行う方法を知るには、何から始めればよいのでしょうか。分散サービスの構築は、世界で最も簡単なプロジェクトでも小さなプロジェクトでもありません。すべての部品を一度に構築しようとすると、結局、コードベースが大きくて、ひどい混乱に陥り、頭がおかしくなってしまいます。プロジェクトの構築は、一つ一つ行っていくものです。まずは、コミットログを管理するHTTPベースのJSONサービスから始めるのがよいです。もし、あなたがGoでHTTPサーバを書いたことがなかったとしても分かるように、クライアントがネットワーク経由で呼び出せる、アクセス可能なAPI（*Application Programming Interface*）の作り方を説明します。コミットログのAPIについて学ぶとともに、この本では一つのプロジェクトに取り組みます。そのために、それぞれの章で、後の章でさらにコードを書くための準備を整えます。

1.1　HTTPベースのJSONサービスの分散システムへの適合性

　HTTPベースのJSONのAPIは、ウェブ上で最も一般的なAPIですが、それには理由があります。ほとんどの言語はJSONをサポートしているので、APIを構築するのが容易だからです。また、JSONは人間が読むことができ、ターミナルからcurlを使ってHTTP APIを呼び出したり、ブラウザでサイトにアクセスしたり、多数の優れたHTTPクライアントを使ったりできるため、簡単で使いやすいです。もし、あなたがウェブサービスのアイデアを持っていて、できるだけ早く人々に試してもらいたいなら、JSON/HTTPで実装するのがよいです。

　JSON/HTTPは小規模なウェブサービスに限ったものではありません。ウェブサービスを提供するほとんどの技術系企業は、自社のフロントエンドエンジニアが使うため、または、社外のエンジ

ニアが独自のサードパーティアプリケーションを構築するために、少なくとも一つのJSON/HTTP APIを自社サービスの公開APIとして使っています。内部のウェブAPIについては、JSON/HTTP が提供しない機能（型の検査やバージョン管理など）についてprotobufのような技術を利用できますが、公開用のAPIはアクセスのしやすさの観点からJSON/HTTPのままです。これは、私が現在および以前の会社で使っていたアーキテクチャと同じです。Segment社ではJSON/HTTPベースのアーキテクチャを採用しており、効率化のために社内サービスをprotobuf/gRPCに変更するまでは、月に数十億回のAPI呼び出しを処理していました。Basecamp社では、すべてのサービスがJSON/HTTPベースで、（私の知る限り）現在もそうなっています。

JSON/HTTPは、サービス基盤プロジェクトのAPIとしては最適な選択肢です。Elasticsearch（広く使われているオープンソースの分散検索エンジン）やEtcd（Kubernetesを含む多くのプロジェクトで広く使われている分散キー・バリュー・ストア）などのプロジェクトでは、クライアント向けのAPIにJSON/HTTPを使っています。一方でそれらのプロジェクトでは、パフォーマンスを向上させるためにノード間の通信に独自のバイナリプロトコルを採用しています。JSON/HTTPはおもちゃではありません。それを使って、あらゆる種類のサービスを構築できます。

Goには、HTTPサーバの構築やJSONを扱うための優れたAPIが標準ライブラリに用意されており、JSON/HTTPウェブサービスの構築に最適です。私はこれまで、Ruby、Node.js、Java、Pythonで書かれたJSON/HTTPサービスに取り組みましたが、Goが圧倒的に快適だと感じています。これは、Goの構造体フィールドタグと、標準ライブラリのJSONエンコーディングパッケージ（`encoding/json`）に含まれる優れたAPIとの相互作用によるものです。他の言語なら書かなければならない面倒なマーシャルのコードを、Goでは省けます。では、さっそく使ってみましょう。

1.2　プロジェクトの準備

最初に必要なのは、プロジェクトのコード用のディレクトリを作ることです。ここではGo 1.16以降を使っているので、**モジュール**（*modules*）[†3]を利用することで、**GOPATH**の下にコードを置く必要はありません。私たちのプロジェクトをproglogと呼ぶことにします。コードを置きたい場所でターミナルを開き、以下のコマンドを実行してモジュールを設定します。

```
$ mkdir proglog
$ cd proglog
$ go mod init github.com/travisjeffery/proglog
```

`travisjeffery`を、あなたのGitHubのユーザ名に置き換えてください。Bitbucketなどを使っている場合、`github.com`を置き換えてください。ただし、この本を読み進める際には、コード例ではすべて`github.com/travisjeffery/proglog`がインポートパスとして設定されていることに注意してください。

---

†3　https://go.dev/ref/mod

1.3 コミットログのプロトタイプの作成

　コミットログについては、永続化されたコミットログライブラリを構築する際に、「**3章　ログパッケージの作成**」で詳しく説明します。今のところ、コミットログについて知っておくべきことは、コミットログは時間順のレコードの並びで、追加だけ可能なデータ構造であり、スライスを使って単純なコミットログを構築できるということです。

　プロジェクトのルートディレクトリにinternal/serverディレクトリを作成します。serverディレクトリにlog.goというファイルを作成して、次のコードを書いてください。

LetsGo/internal/server/log.go

```go
package server

import (
    "fmt"
    "sync"
)

type Log struct {
    mu      sync.Mutex
    records []Record
}

func NewLog() *Log {
    return &Log{}
}

func (c *Log) Append(record Record) (uint64, error) {
    c.mu.Lock()
    defer c.mu.Unlock()
    record.Offset = uint64(len(c.records))
    c.records = append(c.records, record)
    return record.Offset, nil
}

func (c *Log) Read(offset uint64) (Record, error) {
    c.mu.Lock()
    defer c.mu.Unlock()
    if offset >= uint64(len(c.records)) {
        return Record{}, ErrOffsetNotFound
    }
    return c.records[offset], nil
}

type Record struct {
    Value  []byte `json:"value"`
    Offset uint64 `json:"offset"`
```

```
    }
    var ErrOffsetNotFound = fmt.Errorf("offset not found")
```

　レコードをログに追加するAppendメソッドは、スライスにレコード追加するだけの処理です。
インデックスが与えられてレコードを読み出すReadメソッドは、そのインデックスを使ってスラ
イス内のレコードを検索するだけです。クライアントが指定したオフセットが存在しない場合、オ
フセットが存在しないというエラーを返します。これらは、単純な実装になっています。このログ
はプロトタイプであり、これから改良していきます。

ファイルパスで章の名前空間を無視する

　コード例のファイルパスが、`LetsGo/internal/server/log.go`となっていて
`internal/server/log.go`ではないことや、この後のコード例が章ごとに同様の
ディレクトリの名前空間を持っていることに気付くと思います。これらの名前空間は、こ
の本の作成用にコードを構成するために必要でした。みなさんが、コードを書くときに
は、これらの名前空間は存在しないものと考えてください。先ほどの例では、`internal`
ディレクトリはプロジェクトのルートに置くことになります。

1.4　HTTPベースのJSONサーバの構築

　それでは、JSON/HTTPウェブサーバを書きます。Goのウェブサーバは、APIのエンドポイント
ごとに一つの関数（net/httpパッケージのHandlerFunc(ResponseWriter, *Request)）で
構成されます。私たちのAPIには二つのエンドポイントがあります。Produceはログに書き込むた
めのエンドポイントで、Consumeはログから読み出すためのエンドポイントです。JSON/HTTP
Goサーバを構築する場合、各ハンドラは三つのステップで構成されます。

1. リクエストのJSONボディをアンマーシャルして構造体にします。
2. そのエンドポイントのロジックをリクエストに対して実行し、結果を得ます。
3. その結果をマーシャルしてレスポンスに書き込みます。

　ハンドラがこれよりも複雑になる場合、コードを外に出し、リクエストとレスポンスの処理を
HTTPミドルウェアに移し、ビジネスロジックをさらに下のレイヤに移すべきです。
　HTTPサーバを作成するための関数を追加しましょう。serverディレクトリ内にhttp.goとい
うファイルを作成し、次のコードを書いてください。

LetsGo/internal/server/http.go

```go
package server

import (
    "encoding/json"
    "net/http"

    "github.com/gorilla/mux"
)

func NewHTTPServer(addr string) *http.Server {
    httpsrv := newHTTPServer()
    r := mux.NewRouter()
    r.HandleFunc("/", httpsrv.handleProduce).Methods("POST")
    r.HandleFunc("/", httpsrv.handleConsume).Methods("GET")
    return &http.Server{
        Addr:    addr,
        Handler: r,
    }
}
```

　NewHTTPServerは、実行するサーバのアドレスを受け取り、*http.Serverを返します。サーバを作成し、受信したリクエストをそれぞれのハンドラに一致させるRESTfulなルートをうまく記述するために広く使われているgorilla/muxライブラリを使います。/（ルートパス）へのHTTP POSTリクエストはProduceハンドラ（httpsrv.handleProduce）に一致し、レコードをログに追加します。/へのHTTP GETリクエストはConsumeハンドラ（httpsrv.handleConsume）に一致し、ログからレコードを読み込みます。サーバを*net/http.Serverとして返しているので、ListenAndServeを呼び出すだけで、送られてくるリクエストを受け付けて処理できます。

　次のコードをNewHTTPServerの後に追加して、サーバとリクエスト構造体およびレスポンス構造体を定義します。

LetsGo/internal/server/http.go

```go
type httpServer struct {
    Log *Log
}

func newHTTPServer() *httpServer {
    return &httpServer{
        Log: NewLog(),
    }
}

type ProduceRequest struct {
    Record Record `json:"record"`
}
```

```go
type ProduceResponse struct {
    Offset uint64 `json:"offset"`
}

type ConsumeRequest struct {
    Offset uint64 `json:"offset"`
}

type ConsumeResponse struct {
    Record Record `json:"record"`
}
```

　これで、サーバがハンドラで参照するログができました。 ProduceRequest には、API の呼び出しもとがログに追加して欲しいレコードが含まれ、ProduceResponse はログがどのオフセットにレコードを格納したかを伝えます。ConsumeRequest は API の呼び出しもとが読み出したいレコードを指定し、ConsumeResponse は呼び出しもとにそのレコードを送り返します。わずか 28 行のコードにしては悪くないでしょう。

　次に、サーバのハンドラを実装する必要があります。次のコードを、前述のコードの型定義の後に追加してください。

LetsGo/internal/server/http.go
```go
func (s *httpServer) handleProduce(w http.ResponseWriter, r *http.Request) {
    defer r.Body.Close()

    var req ProduceRequest
    err := json.NewDecoder(r.Body).Decode(&req)
    if err != nil {
        http.Error(w, err.Error(), http.StatusBadRequest)
        return
    }
    off, err := s.Log.Append(req.Record)
    if err != nil {
        http.Error(w, err.Error(), http.StatusInternalServerError)
        return
    }
    res := ProduceResponse{Offset: off}
    err = json.NewEncoder(w).Encode(res)
    if err != nil {
        http.Error(w, err.Error(), http.StatusInternalServerError)
        return
    }
}
```

　handleProduce メソッドは、この節の最初に述べた三つのステップを実装しています。すなわち、リクエストを構造体へアンマーシャルし、その構造体を使ってログにレコードを保存し、ログ

がレコードを保存したオフセットを取得し、その結果をマーシャルしてレスポンスに書き込んでいます。handleConsume メソッドは、ほとんど同じです。handleProduce メソッドの後に次のコードを追加してください。

LetsGo/internal/server/http.go

```go
func (s *httpServer) handleConsume(w http.ResponseWriter, r *http.Request) {
    defer r.Body.Close()

    var req ConsumeRequest
    err := json.NewDecoder(r.Body).Decode(&req)
    if err != nil {
        http.Error(w, err.Error(), http.StatusBadRequest)
        return
    }
    record, err := s.Log.Read(req.Offset)
    if err == ErrOffsetNotFound {
        http.Error(w, err.Error(), http.StatusNotFound)
        return
    }
    if err != nil {
        http.Error(w, err.Error(), http.StatusInternalServerError)
        return
    }
    res := ConsumeResponse{Record: record}
    err = json.NewEncoder(w).Encode(res)
    if err != nil {
        http.Error(w, err.Error(), http.StatusInternalServerError)
        return
    }
}
```

handleConsume メソッドはhandleProduce メソッドとほとんど同じですが、Read を呼び出してログに保存されたレコードを取得します。このハンドラには多くのエラー検査が含まれており、クライアントが存在しないレコードをリクエストしたといった理由で、サーバがリクエストを処理できない場合、正確なステータスコードをクライアントに提供しています。

以上で、サーバに必要なコードはすべて揃いました。では、サーバライブラリを実行可能なプログラムにするためのコードを書きます。

1.5　サーバの実行

最後に書かなければならないのは、サーバを起動するためのmain関数を持つmainパッケージです。プロジェクトのルートディレクトリにcmd/serverディレクトリを作成し、serverディレクトリにmain.goというファイルを作成し、次のコードを記述します。

LetsGo/cmd/server/main.go

```go
package main

import (
    "log"

    "github.com/travisjeffery/proglog/internal/server"
)

func main() {
    srv := server.NewHTTPServer(":8080")
    log.Fatal(srv.ListenAndServe())
}
```

main関数は、サーバを作成して起動するだけです。リッスンするアドレス（:8080）を渡し、ListenAndServeを呼び出して、リクエストを待ち受けて処理するようにサーバに指示しています。NewHTTPServer関数を使って*net/http.Serverを作成するだけであり、ここで多くのコードを書く必要はありません。そして、HTTPサーバを作成する他の場所でも同様です。

では、新たなサービスをテストしましょう。

1.6　APIのテスト

ここまでで、JSON/HTTPコミットログのサービスが機能するようになりました。curlを使って、エンドポイントを実行してテストできます。まず、cmd/serverディレクトリで、次のようにサーバを起動します。

```
$ go run main.go
```

ターミナルで別のタブを開き、次のコマンドを実行して、ログにいくつかのレコードを追加してみてください。

```
$ curl -X POST localhost:8080 -d \
    '{"record": {"value": "TGV0J3MgR28gIzEK"}}'
$ curl -X POST localhost:8080 -d \
    '{"record": {"value": "TGV0J3MgR28gIzIK"}}'
$ curl -X POST localhost:8080 -d \
    '{"record": {"value": "TGV0J3MgR28gIzMK"}}'
```

Goのencoding/jsonパッケージは、[]byteをbase64エンコード文字列としてエンコードします。レコードの値は[]byteなので、リクエストにはbase64エンコードされた"Let's Go #1"、"Let's Go #2"、"Let's Go #3"が含まれています。次のコマンドを実行することでレコードを読み出して、サーバから関連するレコードが返されることを確認できます。

```
$ curl -X GET localhost:8080 -d '{"offset": 0}'
$ curl -X GET localhost:8080 -d '{"offset": 1}'
$ curl -X GET localhost:8080 -d '{"offset": 2}'
```

　おめでとうございます。簡単なJSON/HTTPサービスを構築し、それが動作することを確認しました。

1.7　学んだこと

　この章では、簡単なJSON/HTTPコミットログのサービスを構築しました。このサービスは、JSONでリクエストを受け入れて応答し、リクエストに含まれるレコードをメモリ内のログに保存します。次の章では、プロトコルバッファ（*Protocol Buffers*）を使ってAPIの型を管理し、カスタムコードを生成し、gRPCでサービスを書く準備をします。gRPCは、オープンソースの高性能なRPC（*Remote Procedure Call*）のフレームワークであり、分散サービスの構築に適しています。

2章
プロトコルバッファによる
構造化データ

　分散サービスを構築する際には、ネットワークを介してサービス間の通信を行います。構造体などのデータをネットワーク経由で送信するには、データを送信可能な形式にエンコードする必要があり、多くのプログラマはJSONを選択しています。公開APIを構築する場合、すなわち、自分たちでクライアントを開発しないプロジェクトでは、人間が読むことができて、コンピュータも解析できるJSONが適しています。しかし、非公開のAPIを構築する場合、すなわち、自分たちでクライアントを開発するプロジェクトでは、話が異なります。つまり、JSONに比べて生産性が高く、速く、多くの機能を持ち、バグの少ないサービスを作ることができるデータの構造化と送信の機構を利用できます。

　その機構は、プロトコルバッファ（*Protocol Buffers*：*protobuf* とも呼ばれる）です。プロトコルバッファは、データを構造化してシリアライズするための、Googleが設計した言語とプラットフォームに依存しない拡張可能な機構です。protobufを使う利点は、次のとおりです。

- 型の安全性を保証します。
- スキーマ違反を防ぎます。
- 高速なシリアライズを可能にします。
- 後方互換性を提供します。

protobufではデータをどのように構造化するのかを定義し、そのprotobufをさまざまな言語のコードにコンパイルし、構造化されたデータをさまざまなデータストリームとの間で読み書きできます。プロトコルバッファは、二つのシステム間（マイクロサービスなど）の通信に適しています。そのため、Google社は、高性能なRPCフレームワークであるgRPCを構築した際にprotobufを使いました。

　あなたがprotobufを使ったことがなければ、私と同じように「protobufは余計な作業が多いのではないか」という懸念を持つかもしれません。しかし、この章とこの本の残りの部分でprotobufを使ってみると、それほど悪いものではないことが分かると思います。JSONよりも多くの利点があり、結果的に多くの作業を省けます。

　ここでは、プロトコルバッファがどのようなもので、どのように機能するのかを示す簡単な例を紹介します。あなたがTwitter社で働いていて、扱うオブジェクトタイプの一つにツイートがあるとします。ツイートは、少なくともメッセージを含みます。これをprotobufで定義すると、次のようになります。

StructureDataWithProtobuf/example.proto

```
syntax = "proto3";

package twitter;

message Tweet {
  string message = 1;
}
```

　そして、このprotobufをあなたが選んだ言語でのコードにコンパイルします。たとえば、protobufコンパイラは、このprotobufを受け取って、次のようなGoコードを生成します。

StructureDataWithProtobuf/example.pb.go

```
// Code generated by protoc-gen-go. DO NOT EDIT.
// source: example.proto

package twitter

type Tweet struct {
    Message string `protobuf:"bytes,1,opt,name=message,proto3"
json:"message,omitempty"`
    // Note: Protobuf generates internal fields and methods
    // I haven't included for brevity.
}
```

　しかし、なぜこのGoコードを自分で書かないのでしょうか。なぜprotobufを使うのでしょうか。

2.1　プロトコルバッファを使う理由

　protobufは、あらゆる種類の便利な機能を提供しています。それらは、次のとおりです。

一貫性のあるスキーマ

　protobufでは、セマンティクスを一度エンコードして、システム全体で一貫したデータモデルを保証するために、そのprotobufをサービス全体で使います。私と同僚は、前職の二つの会社でサービス基盤をマイクロサービスで構築し、structsと呼ぶリポジトリにprotobufとそのコンパイル済みコードを格納し、すべてのサービスがそれに依存するようにしまし

た。こうすることで、一貫性のない複数のスキーマが本番環境で使われないことを保証していました。Goの型チェック機能のおかげで、構造体の依存関係を更新し、データモデルに関わるテストを実行すると、コードがスキーマと一致しているかどうかをコンパイラとテストが教えてくれます。

バージョン管理

Googleがprotobufを開発した動機の一つは、バージョン検査の必要性をなくし、次のような不格好なコードをなくすことでした。

StructureDataWithProtobuf/example.go

```
if (version == 3) {
...
} else if (version > 4) {
    if (version == 5) {
        ...
    }
    ...
}
```

protobufのメッセージをコンパイルすると構造体になるので、protobufのメッセージはGoの構造体のようなものだと考えてください。protobufでは、メッセージ上のフィールドに番号を振って、protobufの新機能や変更を行う際の後方互換性を保証します。そのため、新たなフィールドを追加するのは簡単ですし、その新たなフィールドのデータを使う必要のない中間サーバは、すべてのフィールドについて知る必要はなく、単にデータを解析して通過させます。同様に、フィールドを削除もできます。削除されたフィールドを予約済み（*reserved*）としてマークすることで、そのフィールドが使えないようにできます。誰かが削除されたフィールドを使おうとすると、コンパイラがエラーを出します。

ボイラープレートコードの削減

protobufライブラリがエンコードとデコードを行ってくれるので、そのコードを手書きする必要はありません。

拡張性

protobufコンパイラは、あなた独自のコンパイルロジックを使ってprotobufをコードにコンパイルできる拡張機能をサポートしています。たとえば、いくつかの構造体に共通のメソッドを持たせたいとします。protobufでは、そのメソッドを自動的に生成するプラグインを書けます[†1]。

---

†1　訳注：この本では、プラグインの書き方は説明されていません。

言語寛容性

protobufは多くの言語で実装されています。プロトコルバッファのバージョン3.0以降、Go、C++、Java、JavaScript、Python、Ruby、C#、Objective-C、PHP、Kotlin、Dartがサポートされており、サードパーティによる他の言語のサポートもあります。また、異なる言語で書かれたサービス間の通信に余計な手間をかける必要もありません。さまざまなチームがあって異なる言語を使いたい企業や、チームが別の言語に移行したい場合に適しています。

パフォーマンス

protobufはパフォーマンスが高く、データ量が小さく、JSONに比べて最大6倍の速さでシリアライズできます[2]。

gRPCでは、プロトコルバッファを使ってAPIを定義し、メッセージをシリアライズしています。ここからは、gRPCを使ってクライアントとサーバを構築します。

protobufが素晴らしいことを納得していただけたでしょうか。しかし、理論だけではつまらないです。protobufを作成し、それを使ってサービスを作るための準備をしましょう。

2.2　プロトコルバッファのコンパイラをインストール

protobufをコンパイルするためにまず必要なことは、コンパイラをインストールすることです。GitHubのprotobufリリースページ[3]に行き、自分のコンピュータに合ったリリースをダウンロードします。たとえば、Macの場合、protoc-3.20.0-osx-x86_64.zipをダウンロードします[4]。ダウンロードしてターミナルでインストールするには次のようにします。

```
$ wget https://github.com/protocolbuffers/protobuf/\
releases/download/v3.20.0/protoc-3.20.0-osx-x86_64.zip
$ unzip protoc-3.20.0-osx-x86_64.zip -d /usr/local/protobuf
```

展開したprotobufディレクトリ内のレイアウトとファイルは、次のようになります。

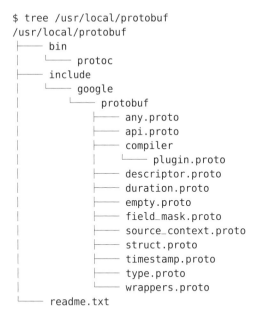

```
$ tree /usr/local/protobuf
/usr/local/protobuf
├── bin
│   └── protoc
├── include
│   └── google
│       └── protobuf
│           ├── any.proto
│           ├── api.proto
│           ├── compiler
│           │   └── plugin.proto
│           ├── descriptor.proto
│           ├── duration.proto
│           ├── empty.proto
│           ├── field_mask.proto
│           ├── source_context.proto
│           ├── struct.proto
│           ├── timestamp.proto
│           ├── type.proto
│           └── wrappers.proto
└── readme.txt
```

　このように、protobufがインストールされたディレクトリには、二つのサブディレクトリが含まれています。binディレクトリには、protocという名前のコンパイラのバイナリが含まれており、includeディレクトリには、protobufの標準ライブラリであるprotobufファイルの集まりが入っています。protobufを使うためにシステムをセットアップする際、多くの人が犯す間違いは、includeディレクトリのファイルを含めずにコンパイラのバイナリだけをインストールしてしまうことです。しかし、includeディレクトリのファイルがなければコンパイルできないので、前述したコマンドを使ってリリース全体を抽出してください。

　コンパイラのバイナリをインストールしたら、シェルがそれを見つけて実行できることを確認します。シェルの設定ファイルを使って、バイナリをPATH環境変数に追加してください。たとえば、zshを使っている場合、次のように実行して設定を更新します。

```
$ echo 'export PATH="$PATH:/usr/local/protobuf/bin"' >> ~/.zshenv
```

　この時点で、マシンにprotobufコンパイラがインストールされています。インストールをテストするには、protoc --versionを実行してください。エラーが表示されなければ、この章の残りの部分を行う準備ができています。エラーが表示されても、心配しないでください。インストール時の問題は、ほとんどが同じです。Googleで検索して解決策を探してみてください。

　コンパイラをインストールしたので、protobufを書いてコンパイルする準備ができました。さっそくやってみましょう

2.3　レコード型をプロトコルバッファとして定義

前の章では、Goのレコード型を次の構造体として定義しました。

LetsGo/internal/server/log.go

```
type Record struct {
    Value  []byte `json:"value"`
    Offset uint64 `json:"offset"`
}
```

これをprotobufメッセージにするには、Goのコードをprotobufの構文に変換する必要があります。

Goプロジェクトの規約では、protobufをapiディレクトリに置くことになっています[†5]。そこで、`mkdir -p api/v1`を実行してディレクトリを作成し、v1ディレクトリにlog.protoというファイルを作成して、その中に次のコードを書きます。

StructureDataWithProtobuf/api/v1/log.proto

```
syntax = "proto3";

package log.v1;

option go_package = "github.com/travisjeffery/api/log_v1";

message Record {
  bytes value = 1;
  uint64 offset = 2;
}
```

このprotobufコードでは、protobuf構文の最新バージョンであるproto3構文を使うことを指定しています。次に、パッケージ名を指定していますが、それには二つの理由があります。このprotobufパッケージ名が、生成されるGoコードのパッケージ名として使われるためであるのと、同じ名前を持つプロトコルメッセージ型の間での名前の衝突を防ぐためです。

このprotobufメッセージは、先に示したGoの構造体と同じです。二つの構文が似ていることに気付くでしょう。Goでは構造体（struct）であり、protobufではメッセージ（message）です。どちらもフィールドを持ちます。Goでは左にフィールド名、続いてその型を、protobufでは左にフィールドの型、続いてその名前（と追加のフィールドID）を記述します。

protobufコード内のパッケージ宣言に続いて、Recordメッセージを定義しています。ある型のスライスを定義したい場合、プロトコルバッファではrepeatedキーワードを使います。つまり、`repeated Record records`は、recordsフィールドがGoの[]Recordであることを意味しま

---

†5　訳注：https://github.com/golang-standards/project-layout を指しています。

す[†6]。

protobufの便利な機能の一つとして、フィールドのバージョン管理ができることを前述しました。各フィールドには、型、名前、そして固有のフィールド番号があります。これらのフィールド番号は、マーシャルされたバイナリ形式内のフィールドを識別するものです。メッセージがプロジェクトで使われるようになった後は、変更すべきではありません。フィールドは変更できないと見なしてください。つまり、古いフィールドを使うのをやめたり、新たなフィールドを追加したりできますが、既存のフィールドは修正できません。メッセージに機能やデータを追加したり削除したりするような、小規模で反復的な変更を行う場合、フィールドを削除したり、新たに追加したりしたいはずです。

フィールドのバージョンの他に、メッセージをメジャーバージョン（*major version*）でグループ化したいかもしれません。メジャーバージョンは、サービス基盤を再構築するためにプロジェクトを全面的に見直したり、移行期間中に複数のメッセージバージョンを同時に実行したりする際に、protobufを管理するのに使われます。ほとんどの変更はフィールドのバージョン付けで十分なので、メジャーバージョンを上げることはまれであるべきです。私がprotobufのメジャーバージョンを変更しなければならなかったのは2回だけでしたし、GoogleのAPI定義[†7]のprotobufを見ても、メジャーバージョンを変更したのは2、3回だけです。メジャーバージョンを変更するのは珍しいことですが、必要なときにそれができるのはよいことです。

この節の始めに、`log.proto`ファイルを`api/v1`ディレクトリに置くように指示しました。この`v1`は、protobufのメジャーバージョンを表しています。もし、このプロジェクトを続けていって、APIの互換性を崩すことになったら、`v2`ディレクトリを作って、新たなメッセージをまとめてパッケージ化します。そして、互換性のないAPIの変更を行ったことをユーザに伝えることになります。

プロトコルバッファのメッセージを定義したので、protobufをGoコードにコンパイルしてみましょう。

2.4　プロトコルバッファのコンパイル

protobufをあるプログラミング言語のコードにコンパイルするには、その言語のランタイムが必要です。コンパイラ自体は、protobufをすべての言語にコンパイルする方法を知りません。したがって、特定の言語へコンパイルするには、その言語固有のランタイムが必要となります。

Goには、protobufをGoコードにコンパイルするための二つのランタイムがあります。GoチームとGoogleのprotobufチームがオリジナルのランタイムを開発しました[†8]。その後、多くの機能を求める人々のチームがオリジナルのランタイムをフォークし、多くのコード生成機能と高速な

[†6]　訳注：ここの例では、`repeated`は使われていません。
[†7]　https://github.com/googleapis/googleapis
[†8]　https://github.com/golang/protobuf

マーシャルとアンマーシャルを備えたものを gogoprotobuf として開発しました。Etcd、Mesos、Kubernetes、Docker、CockroachDB、NATSなどのプロジェクトや、Dropbox、Sendgridなどの企業がgogoprotobufを使っています。私は、プロジェクトをKubernetesのプロトコルバッファと統合したり、gogoprotobufの機能を利用したりするために、gogoprotobufを使いました。

　2020年3月、GoチームはプロトコルバッファのためのGo APIのメジャーリビジョン（APIv2）をリリースし[†9]、パフォーマンスが改善され[†10]、gogoprotobufが提供するような機能を追加できるリフレクションAPIが導入されました。gogoprotobufを使っていたプロジェクト[†11]は、APIv2の性能向上、新たなリフレクションAPI、gogoprotobufとの非互換性、gogoprotobufプロジェクトが新たな所有者を必要としている[†12]ことなどから、APIv2への切り替えを始めました[†13]。私もAPIv2を使うことを勧めます。

　protobufをGoにコンパイルするには、以下のコマンドを実行してprotobufランタイムをインストールする必要があります[†14]。

```
$ go get google.golang.org/protobuf/...@v1.28.0
```

プロジェクトのルートで次のコマンドを実行することで、protobufをコンパイルできます。

```
$ protoc api/v1/*.proto \
        --go_out=. \
        --go_opt=paths=source_relative \
        --proto_path=.
```

api/v1ディレクトリの中を見ると、log.pb.goという新たなファイルがあります。それを開くと、log.protoからコンパイラが生成したGoコードを確認できます。protobufのメッセージがGo構造体になり、protobufのバイナリワイヤ形式（*binary wire format*）にマーシャルするための構造体のメソッドと、フィールドのゲッターが追加されています。

　protobufを変更するごとにコンパイルするので、Makefileファイルを作成して、何度でもすぐに実行できるコンパイルターゲットを追加しておくとよいです。コードをテストするためのテストターゲットも入れておきます。次のような内容のMakefileファイルを、リポジトリのルートに作成してください。

---

†9　https://go.dev/blog/protobuf-apiv2
†10　https://github.com/alexshtin/proto-bench/blob/master/README.md
†11　https://github.com/istio/api/pull/1607
†12　https://github.com/gogo/protobuf/issues/691
†13　https://github.com/envoyproxy/go-control-plane/pull/226
†14　訳注：go install もしくはgo get でバージョンを指定する例では、翻訳時点での最新版になっています。なお、特定のバージョンではなく、最新のバージョンを指定するのなら、latest と指定します。たとえば、ここでの例では、v1.28.0の代わりに latest と指定します。

StructureDataWithProtobuf/Makefile

```
compile:
    protoc api/v1/*.proto \
        --go_out=. \
        --go_opt=paths=source_relative \
        --proto_path=.

test:
    go test -race ./...
```

これで、protobuf を Go コードにコンパイルする作業は終わりです。ここからは、生成された
コードの扱い方や、コンパイラを拡張して独自のコードを生成することについて説明します。

2.5　生成されたコードの扱い

生成された log.pb.go のコードは（protobuf バイナリワイヤ形式へのマーシャルに必要なコー
ドがあるため）、手書きの log.go のコードよりも長いですが、自分で書いたコードのように使いま
す。たとえば、&演算子（または new キーワード）を使ってインスタンスを生成し、ドット（.）を
使ってフィールドへアクセスします。

コンパイラは構造体に対してさまざまなメソッドを生成しますが、直接使うメソッドはゲッター
だけです。構造体のフィールドを使うこともできますが、同じゲッターを持つ複数のメッセージが
あり、それらのメソッドをインタフェースとして抽象化したい場合、ゲッターのほうが便利です。
たとえば、Amazon のような小売サイトを作っていて、本やゲームなどさまざまな種類の商品を
販売しているとします。それぞれの商品には価格を表すフィールドがあり[15]、ユーザのカートに
入っている商品の合計額を求めたいとします。Pricer インタフェースを定義し、Pricer インタ
フェースのスライスを受け取り、その合計額を返す Total 関数を作るとします。コードは次のよう
になります。

```
type Book struct {
    Price uint64
}

func(b *Book) GetPrice() uint64 {
    // ...
}

type Game struct {
    Price uint64
}
```

---

†15　訳注：protobuf での各商品ごとのメッセージ定義中に、price フィールドがある場合、GetPrice メソッドが生成されます。

```
func(b *Game) GetPrice() uint64 {
    // ...
}

type Pricer interface {
    GetPrice() uint64
}

func Total(items []Pricer) uint64 {
    // ...
}
```

　ここで、本やゲームなど、在庫のすべての商品の価格を変更するプログラムを書きたいとします。リフレクションを使って行うこともできますが、リフレクションは最終手段とすべきです。なぜなら、Goのことわざにあるように、「リフレクションが明確であることはない」[16]からです。もし、セッターだけがあれば、以下のようなインタフェースを使って、在庫中のさまざまな種類の商品に価格を設定できます。

```
type PriceAdjuster interface {
    SetPrice(price uint64)
}
```

　コンパイルされたコードが必要としているものとは異なる場合、プラグインを使ってコンパイラの出力を拡張できます。この本のプロジェクトではプラグインを書く必要はありません。しかし、私は自分が携わったプロジェクトで、役立つプラグインを書いたことがあります。必要なときにプラグインで手作業を大幅に軽減できることに気付くために、プラグインの書き方を学ぶことには価値はあります。

2.6　学んだこと

　この章では、プロジェクト全体で使うprotobufの基礎を説明しました。protobufの概念は、プロジェクト全体、特にgRPCクライアントとサーバを構築する際に重要となります。次の章で、プロジェクトの次の重要な部分であるコミットログのライブラリを作成します。

---

[16]　https://bit.ly/2HcYojl

3章
ログパッケージの作成

　この本では、Goで分散サービスを作る方法を学ぶために、分散サービスを作ります。しかし、ログを構築することは、分散サービスを作るという目標を達成するためにどのように役立つのでしょうか。私は、ログは分散サービスを構築する上で最も重要なツールキットだと考えています。ログは、時には、**先行書き込みログ**（*write-ahead log*）、**トランザクションログ**（*transaction log*）、あるいは**コミットログ**（*commit log*）とも呼ばれます。ログは、ストレージエンジン、メッセージキュー、バージョンコントロール、レプリケーションや合意形成アルゴリズムなどの中核をなすものです。分散サービスを構築していると、ログを使って解決できる問題に直面することがあります。自分でログを構築することで、次のことを学べます。

- ログを使って問題を解決し、難しい問題を簡単にする仕組みを発見する方法。
- ログに基づく既存のシステムを必要に応じて変更したり、独自のログに基づくシステムを構築したりする方法。
- ストレージエンジンを構築する際に、データを効率的に読み書きする方法。
- システム障害によるデータ損失を防止する方法。
- データをエンコードしてディスクに保存したり、独自のワイヤプロトコルを構築してアプリケーション間でデータを送信したりする方法。

　もしかしたら、次の大きな分散ログサービスを構築するのはあなたかもしれません。

3.1　ログは強力なツール

　ファイルシステムやデータベースのストレージエンジンを開発している人たちは、システムのデータ整合性を改善するためにログを使っています。たとえば、extファイルシステム[†1]では、ディスクのデータファイルを直接変更するのではなく、変更内容をジャーナルに記録します。ファ

---

†1　訳注：Linuxの拡張ファイルシステムです。

イルシステムは、変更内容をジャーナルに安全に書き込んだ後、その変更内容をデータファイルに適用します。ジャーナルへのログは単純で高速なので、データを失う可能性はほとんどありません。仮にextがディスクファイルの更新を終える前にコンピュータがクラッシュしたとしても、次の起動時にファイルシステムはジャーナルのデータを処理して更新を完了させます。PostgreSQLのようなデータベース開発者は、システムの耐久性を高めるために同じ技術を使っています。変更内容をWAL（*Write-Ahead Log*）と呼ばれるログに記録し、後でWALを処理してデータベースのデータファイルに変更を適用します。

　データベース開発者は、WALをレプリケーションにも利用しています。ディスクにログを書き込むのではなく、ネットワークを介して複数の複製データベースにログを書き込みます。各複製データベースは、それ自身のデータに対してログに記録されている変更を適用し、最終的にはすべての複製データベースのデータが同じ状態になります。合意形成アルゴリズムであるRaftも、分散したサービスがクラスタ全体の状態に合意するために、同じアイデアを使っています。Raftクラスタの各ノードは、ログを入力としてステートマシンを実行します。Raftクラスタのリーダーは、フォロワーのログに変更を加えます。ステートマシンはログを入力として使い、ログには同じレコードが同じ順序で含まれているので、すべてのサービスは最終的に同じ状態になります。

　ウェブのフロントエンド開発者は、アプリケーションの状態を管理するためにログを使います。Reactで広く使われているJavaScriptライブラリであるRedux[2]では、単なるオブジェクトとして変更をログに記録し、その変更を純粋関数で処理してアプリケーションの状態に更新を適用します。

　これらの例では、順序付けられたデータを保存、共有、処理するためにログを使っています。ログという同じツールが、データベースの複製、分散サービスの連携、フロントエンドのアプリケーションの状態管理に役立つのは、素晴らしいことです。特に分散サービスでは、システムの変更を単一のアトミックな操作にまで分解して、ログに保存、共有、処理することで、多くの問題を解決できます。

　データベースは、過去のある時点に状態を復元する方法を提供していることが多く、ポイント・イン・タイム・リカバリ（*Point-in-Time Recovery*）と呼ばれます。過去のデータベースのスナップショットを取得し、スナップショットの時点から目的の時点までの先行書き込みログを再生します。最初からすべてのログを再生できるのなら、スナップショットは必要ありません。しかし、長い期間使われていて多くの変更があるデータベースでは、すべてのログを保持することは現実的ではありません。Reduxでは、アクションの取り消し・やり直しに同じアイデアを使っています。アクションごとにアプリケーションの状態をログに記録し、アクションを取り消すには、ReduxがUIに表示されている状態を以前のログに記録された状態に移動させるだけです。Gitのような分散バージョン管理システムも同様の仕組みであり、コミットログの履歴は文字どおりコミットログです。

---

[2] https://redux.js.org

　このように、完全なログは、最新の状態だけではなく、過去のすべての状態を保持しています。そのおかげで、他の方法では構築するのが複雑になってしまう機能を構築できます。ログは単純であり、だからこそ、よいのです。

3.2　ログの仕組み

　ログは、追加専用のレコード列です。ログの最後にレコードを追加し、通常は上から下へ、古いレコードから新しいレコードへと読んでいきます。それは、ファイルに対して tail -f を実行するのと同じようなものです。ログには、どのようなデータでも記録できます。歴史的には、人間が読むためのテキスト行を「ログ」と呼んできました。しかし、プログラムが読むためのバイナリエンコードされたメッセージがログとなっているログシステムを使うことが多くなったので、「ログ」の意味が変わってきています。この本では、ログやレコードについて説明する場合、特定の種類のデータを指してはいません。ログにレコードを追加すると、ログはそのレコードに一意の連続したオフセット番号を割り当て、その番号がそのレコードのIDの役割を果たします。ログは、レコードを常に時間順に並べ、オフセットと作成時間で各レコードにインデックスを付けるテーブルのようなものです。

　ログの具体的な実装は、ディスク容量が無限ではないことに対処しなければなりません。つまり、同じファイルに永遠に追加することはできません。そのため、ログをセグメントに分割します。ログが大きくなりすぎると、すでに処理したりアーカイブしたりした古いセグメントを削除して、ディスク容量を確保します。このような古いセグメントの削除は、バックグラウンドプロセスで実行されます。その間も、サービスはアクティブな（最新の）セグメントにデータを出力し、他のセグメントからデータを消費します。その際に、同じデータが同時にアクセスされて衝突が発生することはほとんどありません。

　セグメントの集まりの中には、常に一つの特別なセグメントがあり、それが**アクティブ**（*active*）セグメントです。アクティブセグメントは、活発（アクティブ）に書き込む唯一のセグメントです。アクティブセグメントが一杯になると、新たなセグメントを作成し、その新たなセグメントをアクティブセグメントにします。

　各セグメントは、ストア（*store*）ファイルとインデックス（*index*）ファイルで構成されています。セグメントのストアファイルは、レコードデータを保存する場所で、このファイルに継続的にレコードを追加します。セグメントのインデックスファイルは、ストアファイル内の各レコードへのインデックスを保存する場所です。インデックスファイルは、レコードのオフセットをストアファイル内の位置に対応付けることで、ストアファイルからのレコードの読み取りが速くなります。オフセットが指定されたレコードの読み取りは、二つのステップからなる処理です。最初のステップでは、インデックスファイルからレコードのエントリを取得し、ストアファイル内でのレコードの位置を知ります。二つ目のステップでは、ストアファイル内のその位置のレコードを読み取ります。インデックスファイルに必要なのは、レコードのオフセットと格納位置という二つの小

さなフィールドだけなので、インデックスファイルは、すべてのレコードデータを格納するストア
ファイルよりもはるかに小さいです。インデックスファイルは十分に小さいので、メモリへマッ
プ[†3]でき、ファイル操作をメモリ上のデータに対する操作と同様に高速化できます。

　ログの仕組みが分かったので、作ることにしましょう。次の節で、コードを書いてみます。

3.3　ログの構築

　ログを下から順に構築していきます。ストアファイルとインデックスファイルから始めて、次に
セグメントを、最後にログを作成します。そうすれば、各部品を構築する際にそれぞれのテストを
書いて実行できます。**ログ**（*log*）という言葉は、レコード、レコードを保存するファイル、セグメ
ントをまとめる抽象データ型という、少なくとも三つの異なるものを指します。この章では、混乱
を避けるために、一貫して次の意味で用語を使って説明します。

- **レコード**：ログに保存されるデータです。
- **ストア**：レコードを保存するファイルです。
- **インデックス**：インデックスエントリを保存するファイルです。
- **セグメント**：ストアとインデックスをまとめているものの抽象的概念です。
- **ログ**：セグメントをすべてまとめているものの抽象的概念です。

3.3.1　ストアのコーディング

　始めるに当たって、ログパッケージ用のinternal/logディレクトリを作成し、そのディレクト
リ内にstore.goというファイルを作成して、次のコードを書きます。

WriteALogPackage/internal/log/store.go

```go
package log

import (
    "bufio"
    "encoding/binary"
    "os"
    "sync"
)

var (
    enc = binary.BigEndian
)
```

---

†3　https://ja.wikipedia.org/wiki/メモリマップトファイル

```
const (
    lenWidth = 8
)

type store struct {
    *os.File
    mu    sync.Mutex
    buf   *bufio.Writer
    size uint64
}

func newStore(f *os.File) (*store, error) {
    fi, err := os.Stat(f.Name())
    if err != nil {
        return nil, err
    }
    size := uint64(fi.Size())
    return &store{
        File: f,
        size: size,
        buf:  bufio.NewWriter(f),
    }, nil
}
```

　store構造体は、ファイルを保持し、ファイルにバイトを追加したり、ファイルからバイトを読み出したりする二つのAPIを備えています。newStore(*os.File)関数は、与えられたファイルに対するstoreを作成します。この関数はos.Stat(name string)を呼び出して、ファイルの現在のサイズを取得しています。これは、すでにデータを含むファイルからstoreを再作成する場合のためです。たとえば、サービスが再起動した場合などです。

　enc変数とlenWidth定数はstoreのメソッド内で繰り返し参照されるので、見つけやすいように初めのほうに記述しています。enc変数はレコードサイズとインデックスエントリを永続化するためのエンコーディングを定義し、lenWidthはレコードの長さを格納するために使うバイト数を定義しています。

　newStore関数の後に、次のAppendメソッドを追加します。

WriteALogPackage/internal/log/store.go
```
func (s *store) Append(p []byte) (n uint64, pos uint64, err error) {
    s.mu.Lock()
    defer s.mu.Unlock()
    pos = s.size
    if err := binary.Write(s.buf, enc, uint64(len(p))); err != nil {
        return 0, 0, err
    }
    w, err := s.buf.Write(p)
    if err != nil {
```

```
        return 0, 0, err
    }
    w += lenWidth
    s.size += uint64(w)
    return uint64(w), pos, nil
}
```

Append([]byte) は、与えられたバイトをストアに永続化します。レコードの長さを書いている
るのは、レコードを読み出すときに何バイト読めばよいかが分かるようにするためです。システム
コールの数を減らしてパフォーマンスを改善させるために、ファイルに直接書き込むのではなく、
バッファ付きライターに書き込んでいます。ユーザが小さなレコードを多数書き込む場合、この
手法はとても有効です。次に、書き込まれたバイト数を返しますが、類似の Go の API が従来から
行っているものです。また、ストアがファイル内でレコードを保持する位置も返します。セグメン
トは、このレコードに関連するインデックスエントリを作成する際に、この位置を使います。

Append メソッドの後に、次の Read メソッドを追加します。

WriteALogPackage/internal/log/store.go

```
func (s *store) Read(pos uint64) ([]byte, error) {
    s.mu.Lock()
    defer s.mu.Unlock()
    if err := s.buf.Flush(); err != nil {
        return nil, err
    }
    size := make([]byte, lenWidth)
    if _, err := s.File.ReadAt(size, int64(pos)); err != nil {
        return nil, err
    }
    b := make([]byte, enc.Uint64(size))
    if _, err := s.File.ReadAt(b, int64(pos+lenWidth)); err != nil {
        return nil, err
    }
    return b, nil
}
```

Read(pos uint64) は、指定された位置に格納されているレコードを返します。バッファがま
だディスクにフラッシュされていないレコードを読み出そうとしている場合に備えて、まずライ
ターバッファをフラッシュします。そして、レコード全体を読み取るために何バイト読まなければ
ならないかを調べ、レコードを読み出して返します。コンパイラは、関数内で生成された byte ス
ライスがその関数からエスケープしなければ、その byte スライスをスタック上に割り当てます。
値がエスケープするのは、その値が関数呼び出しが戻った後も存在する場合です。たとえば、その

値を戻り値として返す場合です[†4]。

Readの後に、次のReadAtメソッドを追加します。

WriteALogPackage/internal/log/store.go
```go
func (s *store) ReadAt(p []byte, off int64) (int, error) {
    s.mu.Lock()
    defer s.mu.Unlock()
    if err := s.buf.Flush(); err != nil {
        return 0, err
    }
    return s.File.ReadAt(p, off)
}
```

ReadAt(p []byte, off int64)は、ストアのファイルのoffオフセットから、len(p)バイトをpへと読み込みます。これは、store型に対してio.ReaderAtインタフェースを実装していることになります。

最後に、ReadAtメソッドの後に、次のCloseメソッドを追加します。

WriteALogPackage/internal/log/store.go
```go
func (s *store) Close() error {
    s.mu.Lock()
    defer s.mu.Unlock()
    err := s.buf.Flush()
    if err != nil {
        return err
    }
    return s.File.Close()
}
```

Closeメソッドは、ファイルをクローズする前にバッファされたデータを永続化します。

ストアが動作することをテストしてみましょう。logディレクトリにstore_test.goファイルを作成して、次のコードを書きます。

WriteALogPackage/internal/log/store_test.go
```go
package log

import (
    "os"
    "testing"

    "github.com/stretchr/testify/require"
```

[†4]　訳注：Readメソッドでは、make([]byte, lenWidth)で生成されたスライスsizeがReadメソッドから返されないので、スタック上に割り当てられるという意味です。

```
)

var (
    write = []byte("hello world")
    width = uint64(len(write)) + lenWidth
)

func TestStoreAppendRead(t *testing.T) {
    f, err := os.CreateTemp("", "store_append_read_test")
    require.NoError(t, err)
    defer os.Remove(f.Name())

    s, err := newStore(f)
    require.NoError(t, err)

    testAppend(t, s)
    testRead(t, s)
    testReadAt(t, s)

    s, err = newStore(f)
    require.NoError(t, err)
    testRead(t, s)
}
```

　このテストでは、一時ファイルでストアを作成しています。ストアへの追加とストアからの読み出しをテストするために、二つのテストヘルパーを呼び出しています。その後、再びストアを作成し、ストアからの読み出しをテストすることで、サービスが再起動後に状態を回復することを検証しています。

　TestStoreAppendRead関数の後に、次のテストヘルパーを追加します。

WriteALogPackage/internal/log/store_test.go

```
func testAppend(t *testing.T, s *store) {
    t.Helper()
    for i := uint64(1); i < 4; i++ {
        n, pos, err := s.Append(write)
        require.NoError(t, err)
        require.Equal(t, pos+n, width*i)
    }
}

func testRead(t *testing.T, s *store) {
    t.Helper()
    var pos uint64
    for i := uint64(1); i < 4; i++ {
        read, err := s.Read(pos)
        require.NoError(t, err)
        require.Equal(t, write, read)
```

```
            pos += width
        }
    }

    func testReadAt(t *testing.T, s *store) {
        t.Helper()
        for i, off := uint64(1), int64(0); i < 4; i++ {
            b := make([]byte, lenWidth)
            n, err := s.ReadAt(b, off)
            require.NoError(t, err)
            require.Equal(t, lenWidth, n)
            off += int64(n)

            size := enc.Uint64(b)
            b = make([]byte, size)
            n, err = s.ReadAt(b, off)
            require.NoError(t, err)
            require.Equal(t, write, b)
            require.Equal(t, int(size), n)
            off += int64(n)
        }
    }
```

testReadAt関数の後に、Closeメソッドのテストのために次のコードを追加します。

WriteALogPackage/internal/log/store_test.go

```
    func TestStoreClose(t *testing.T) {
        f, err := os.CreateTemp("", "store_close_test")
        require.NoError(t, err)
        defer os.Remove(f.Name())
        s, err := newStore(f)
        require.NoError(t, err)
        _, _, err = s.Append(write)
        require.NoError(t, err)

        f, beforeSize, err := openFile(f.Name())
        require.NoError(t, err)

        err = s.Close()
        require.NoError(t, err)

        _, afterSize, err := openFile(f.Name())
        require.NoError(t, err)
        require.True(t, afterSize > beforeSize)
    }

    func openFile(name string) (file *os.File, size int64, err error) {
        f, err := os.OpenFile(
            name,
```

```
            os.O_RDWR|os.O_CREATE|os.O_APPEND,
            0600,
        )
        if err != nil {
            return nil, 0, err
        }
        fi, err := f.Stat()
        if err != nil {
            return nil, 0, err
        }
        return f, fi.Size(), nil
    }
```

　これらのテストに合格すると、ログが、永続化されたレコードを追加したり読み出したりできることが分かります。

3.3.2　インデックスの作成

　次にインデックスのコーディングを行います。internal/logディレクトリに、次のコードを含むindex.goファイルを作成します。

WriteALogPackage/internal/log/index.go

```go
package log

import (
    "io"
    "os"

    "github.com/tysonmote/gommap"
)

const (
    offWidth uint64 = 4
    posWidth uint64 = 8
    entWidth        = offWidth + posWidth
)

type index struct {
    file *os.File
    mmap gommap.MMap
    size uint64
}
```

　インデックス全体でoffWidth、posWidth、entWidthの三つの定数を使うので、ストアの変数や定数と同様に、ファイルの先頭に定数を定義して、簡単に見つけられるようにしています。これらの定数は、インデックスエントリを構成するバイト数を定義しています。

　インデックスエントリには、レコードのオフセットとストアファイル内の位置という二つの
フィールドがあります。オフセットはuint32、位置はuint64として保存しているので、それぞ
れ4バイトと8バイトの領域を使います。ファイル内の位置はoffset * entWidthであるため、
オフセットが与えられたエントリの位置に直接ジャンプするためにentWidthを使います。

　index構造体はインデックスファイルを定義しており、永続化されたファイルとメモリマップ
されたファイルから構成されています。sizeは、インデックスのサイズであり、同時に次にイン
デックスに追加されるエントリをどこに書き込むかを表しています。

　では、index構造体の定義の後に、次のnewIndex関数を追加します[5]。

WriteALogPackage/internal/log/index.go

```go
func newIndex(f *os.File, c Config) (*index, error) {
    idx := &index{
        file: f,
    }
    fi, err := os.Stat(f.Name())
    if err != nil {
        return nil, err
    }
    idx.size = uint64(fi.Size())
    if err = os.Truncate(
        f.Name(), int64(c.Segment.MaxIndexBytes),
    ); err != nil {
        return nil, err
    }
    if idx.mmap, err = gommap.Map(
        idx.file.Fd(),
        gommap.PROT_READ|gommap.PROT_WRITE,
        gommap.MAP_SHARED,
    ); err != nil {
        return nil, err
    }
    return idx, nil
}
```

　newIndex(*os.File, Config)は、指定されたファイルからindexを作成します。indexを
作成し、ファイルの現在のサイズを保存します。これにより、インデックスエントリを追加する際
に、インデックスファイル内のデータ量を管理できるようになります。ファイルをメモリへマップ
する前に、ファイルを最大のインデックスサイズまで大きくし、作成したindexを呼び出しもとに
返しています。

　newIndex関数の後に、次のCloseメソッドを追加します。

---

†5　訳注：newIndex関数の第2引数のConfig型の定義は、この節の最後に示されています。

WriteALogPackage/internal/log/index.go

```go
func (i *index) Close() error {
    if err := i.mmap.Sync(gommap.MS_SYNC); err != nil {
        return err
    }
    if err := i.file.Sync(); err != nil {
        return err
    }
    if err := i.file.Truncate(int64(i.size)); err != nil {
        return err
    }
    return i.file.Close()
}
```

Close メソッドは、メモリにマップされたファイルのデータを永続化されたファイルへ同期し、永続化されたファイルの内容を安定したストレージへ同期します。それから、永続化されたファイルをその中にある実際のデータ量まで切り詰めて、ファイルを閉じます。

インデックスのオープンとクローズの両方のコードを見たので、ファイルを大きくすることと、切り詰めることについて説明します。

サービスを起動すると、サービスはログに追加される次のレコードに設定するオフセットを知る必要があります。サービスは、インデックスの最後のエントリを見て次のレコードのオフセットを知ることができ、それはファイルの最後の 12 バイトを読み出すだけの簡単な処理です。しかし、メモリへマップするためにファイルを大きくすると、その処理が狂ってしまいます（最初にサイズを変更する理由は、一度メモリにマップされたファイルはサイズを変更できないからです）。ファイルの最後に空領域を追加してファイルを大きくするので、最後のエントリはファイルの終わりではなく、最後のエントリとファイルの終わりの間には使われていない領域が存在することになります。その領域が残ってしまうと、サービスを正しく再起動できません。そのため、サービスを停止する際には、インデックスファイルを切り詰めて空領域を取り除き、最後のエントリを再びファイルの最後になるようにしています。このグレースフルシャットダウン（*graceful shutdown*）により、サービスは適切かつ効率的に再起動できる状態に戻ります。

グレースフルではないシャットダウンの処理

グレースフルシャットダウンとは、サービスが進行中のタスクを終了し、データの損失がないように後処理を行い、再起動の準備をすることです。サービスがクラッシュしたり、ハードウェアが故障したりした場合、グレースフルではないシャットダウンとなります。たとえば、私たちが構築しているサービスでは、インデックスファイルの切り詰めが完了する前に電源が切れてしまった場合などが、グレースフルではないシャットダウンにあたります。グレースフルではないシャットダウンを処理するには、サービスの再起動時に整合性検査を行い、破損したデータを見つけます。破損したデータがある場合、データ

> を再構築するか、破損していない情報源からデータを複製します。今回作成するログでは、コードをシンプルにしたかったので、グレースフルではないシャットダウンの処理を行っていません。

では、プログラミングに戻りましょう。

Close メソッドの後に、次の Read メソッドを追加します。

WriteALogPackage/internal/log/index.go

```go
func (i *index) Read(in int64) (out uint32, pos uint64, err error) {
    if i.size == 0 {
        return 0, 0, io.EOF
    }
    if in == -1 {
        out = uint32((i.size / entWidth) - 1)
    } else {
        out = uint32(in)
    }
    pos = uint64(out) * entWidth
    if i.size < pos+entWidth {
        return 0, 0, io.EOF
    }
    out = enc.Uint32(i.mmap[pos : pos+offWidth])
    pos = enc.Uint64(i.mmap[pos+offWidth : pos+entWidth])
    return out, pos, nil
}
```

Read(int64) はオフセットを受け取り、ストア内の関連したレコードの位置を返します。与えられたオフセットはセグメントのベースオフセットからの相対的なもので、0は常にインデックスの最初のエントリのオフセット、1は2番目のエントリ、というようになります。相対オフセットを使って、オフセットを uint32 として保存することで、インデックスのサイズを小さくしています。絶対オフセットを使った場合、オフセットを uint64 として保存しなければならず、各エントリはさらに4バイトを追加で必要となります。4バイトはたいした量には聞こえないかもしれませんが、人々が分散ログを使う際のレコード数は、LinkedIn のような企業では毎日何兆ものレコードになります。比較的小さな会社でも、1日に数十億件のレコードを作成することがあります。

Read メソッドの後に、次の Write メソッドを追加します。

WriteALogPackage/internal/log/index.go

```go
func (i *index) Write(off uint32, pos uint64) error {
    if i.isMaxed() {
        return io.EOF
    }
    enc.PutUint32(i.mmap[i.size:i.size+offWidth], off)
```

```
    enc.PutUint64(i.mmap[i.size+offWidth:i.size+entWidth], pos)
    i.size += uint64(entWidth)
    return nil
}

func (i *index) isMaxed() bool {
    return uint64(len(i.mmap)) < i.size+entWidth
}
```

Write(off uint32, pos uint64)は、与えられたオフセットと位置をインデックスに追加します。まず、エントリを書き込むための領域があるかどうかを確認します。領域があれば、オフセットと位置をエンコードして、メモリにマップされたファイルに書き込みます。そして、次の書き込みが行われる位置を進めます。

インデックスのファイルパスを返す次のNameメソッドを追加します。

WriteALogPackage/internal/log/index.go

```
func (i *index) Name() string {
    return i.file.Name()
}
```

インデックスをテストしましょう。internal/logディレクトリにindex_test.goを作成して、次のコードで書き始めます。

WriteALogPackage/internal/log/index_test.go

```
package log

import (
    "io"
    "os"
    "testing"

    "github.com/stretchr/testify/require"
)

func TestIndex(t *testing.T) {
    f, err := os.CreateTemp(os.TempDir(), "index_test")
    require.NoError(t, err)
    defer os.Remove(f.Name())

    c := Config{}
    c.Segment.MaxIndexBytes = 1024
    idx, err := newIndex(f, c)
    require.NoError(t, err)
    _, _, err = idx.Read(-1)
    require.Error(t, err)
    require.Equal(t, f.Name(), idx.Name())
```

```
entries := []struct {
    Off uint32
    Pos uint64
}{
    {Off: 0, Pos: 0},
    {Off: 1, Pos: 10},
}
```

このコードではテストの設定を行っています。インデックスファイルを作成し、それをnewIndex
関数内でTruncateを呼び出すことでテストエントリを格納するのに十分な大きさにしています。
そうするのは、ファイルをbyteスライスへとメモリマップしており、書き込む前にファイルのサ
イズを大きくしておかないと、範囲外のエラーが発生するからです。

最後に、先ほどのコードの後に、次のコードを追加してテストを完成させます。

WriteALogPackage/internal/log/index_test.go

```
for _, want := range entries {
    err = idx.Write(want.Off, want.Pos)
    require.NoError(t, err)

    _, pos, err := idx.Read(int64(want.Off))
    require.NoError(t, err)
    require.Equal(t, want.Pos, pos)
}

// 既存のエントリを超えて読み出す場合、インデックスはエラーを返す
_, _, err = idx.Read(int64(len(entries)))
require.Equal(t, io.EOF, err)
_ = idx.Close()

// インデックスは、既存のファイルからその状態を構築する
f, _ = os.OpenFile(f.Name(), os.O_RDWR, 0600)
idx, err = newIndex(f, c)
require.NoError(t, err)
off, pos, err := idx.Read(-1)
require.NoError(t, err)
require.Equal(t, uint32(1), off)
require.Equal(t, entries[1].Pos, pos)
}
```

ループして、各エントリをインデックスに書き込みます。同じエントリをReadメソッドで読み
出せることを確認しています。次に、インデックスに格納されているエントリ数を超えて読み出そ
うとすると、エラーになることを確認しています。そして、サービスが既存のデータで再起動した
ときのために、インデックスが既存のファイルからその状態を構築することを確認しています。

セグメントのストアとインデックスの最大サイズを設定する必要があります。Config構造体を
追加してログの設定を一元化します。そうすることで、ログの設定とコード全体での設定の利用が

容易になります。internal/log/config.goファイルを作成して、次のコードを書きます。

```
WriteALogPackage/internal/log/config.go
```

```go
package log

type Config struct {
    Segment struct {
        MaxStoreBytes uint64
        MaxIndexBytes uint64
        InitialOffset uint64
    }
}
```

　以上で、ログの最下位レベルを構成するストアとインデックスのコードが完成しました。それでは、セグメントのコードを書いてみましょう。

3.3.3　セグメントの作成

　セグメントは、インデックスとストアの操作を統合するために、インデックスとストアをまとめて扱います。たとえば、ログがアクティブなセグメントにレコードを追加する場合、セグメントはデータをストアに書き込み、インデックスに新たなエントリを追加する必要があります。同様に、読み取りの場合、セグメントはインデックスからエントリを検索し、ストアからデータを取り出す必要があります。

　まず、internal/logディレクトリにsegment.goというファイルを作成し、次のコードで始めます。

```
WriteALogPackage/internal/log/segment.go
```

```go
package log

import (
    "fmt"
    "os"
    "path/filepath"

    api "github.com/travisjeffery/proglog/api/v1"
    "google.golang.org/protobuf/proto"
)

type segment struct {
    store                 *store
    index                 *index
    baseOffset, nextOffset uint64
    config                Config
}
```

セグメントは、ストアとインデックスを呼び出す必要があるため、最初の二つのフィールド（storeとindex）にそれらへのポインタを保持します。新たなレコードを追加する際のオフセットを知るためと、インデックスエントリの相対的なオフセットを計算するために、nextOffsetとbaseOffsetが必要です。そしてセグメントに設定（config）を持たせることで、ストアファイルとインデックスのサイズを設定された制限値と比較でき、セグメントが最大になったことを知ることができます。

上記のコードの後に、次のnewSegment関数を追加します。

```go
func newSegment(dir string, baseOffset uint64, c Config) (*segment, error) {
    s := &segment{
        baseOffset: baseOffset,
        config:     c,
    }
    storeFile, err := os.OpenFile(
        filepath.Join(dir, fmt.Sprintf("%d%s", baseOffset, ".store")),
        os.O_RDWR|os.O_CREATE|os.O_APPEND,
        0600,
    )
    if err != nil {
        return nil, err
    }
    if s.store, err = newStore(storeFile); err != nil {
        return nil, err
    }
    indexFile, err := os.OpenFile(
        filepath.Join(dir, fmt.Sprintf("%d%s", baseOffset, ".index")),
        os.O_RDWR|os.O_CREATE,
        0600,
    )
    if err != nil {
        return nil, err
    }
    if s.index, err = newIndex(indexFile, c); err != nil {
        return nil, err
    }
    if off, _, err := s.index.Read(-1); err != nil {
        s.nextOffset = baseOffset
    } else {
        s.nextOffset = baseOffset + uint64(off) + 1
    }
    return s, nil
}
```

ログは、現在のアクティブセグメントが最大サイズに達したときなど、新たなセグメントを追加する必要があるときに、newSegment関数を呼び出します。その関数では、まずストアファイル

とインデックスファイルをオープンします。ファイルが存在しない場合、os.O_CREATE ファイル
モードフラグをos.OpenFileの引数として渡して、ファイルを作成します。ストアファイルを作
成する際には、os.O_APPENDフラグを渡して、書き込み時にオペレーティングシステムがファイル
に追加するようにしています。そして、これらのファイルを使ってインデックスとストアを作成
します。最後に、セグメントの次のオフセットを設定して、次に追加されるレコードのための準備
をします。インデックスが空の場合、セグメントに追加される次のレコードが最初のレコードとな
り、そのオフセットはセグメントのベースオフセットになります。インデックスに少なくとも一つ
のエントリがある場合、次に書き込まれるレコードのオフセットはセグメントの最後のオフセット
を使う必要があり、ベースオフセットと相対オフセットの和に1を加算して得られます。この後で
説明するメソッドをすべて書き終えた時点で、セグメントはログへの書き込みとログからの読み出
しの準備が整います。

newSegment関数の後に、次のAppendメソッドを追加します。

WriteALogPackage/internal/log/segment.go

```go
func (s *segment) Append(record *api.Record) (offset uint64, err error) {
    cur := s.nextOffset
    record.Offset = cur
    p, err := proto.Marshal(record)
    if err != nil {
        return 0, err
    }
    _, pos, err := s.store.Append(p)
    if err != nil {
        return 0, err
    }
    if err = s.index.Write(
        // インデックスのオフセットは、ベースオフセットからの相対
        uint32(s.nextOffset-uint64(s.baseOffset)),
        pos,
    ); err != nil {
        return 0, err
    }
    s.nextOffset++
    return cur, nil
}
```

Appendメソッドはセグメントにレコードを書き込み、新たに追加されたレコードのオフセット
を返します。ログはAPIレスポンスでそのオフセットを返します。セグメントは、データをストア
に追加し、その後インデックスエントリを追加するという2ステップの処理で、レコードを追加し
ます[†6]。インデックスのオフセットはbaseOffsetに対する相対的なものなので、セグメントの

[†6]　訳注：インデックスエントリの追加に失敗した場合、s.store.Append(p) で追加されたレコードはごみとして残る実装に
なっています。

nextOffsetからbaseOffset（どちらも絶対オフセット）を引いて、セグメント内のエントリの相対オフセットを求めます。その後、nextOffsetに1を加算して、将来のAppendメソッドの呼び出しのための準備をします。

Appendメソッドの後に、次のReadメソッドを追加します。

WriteALogPackage/internal/log/segment.go

```go
func (s *segment) Read(off uint64) (*api.Record, error) {
    _, pos, err := s.index.Read(int64(off - s.baseOffset))
    if err != nil {
        return nil, err
    }
    p, err := s.store.Read(pos)
    if err != nil {
        return nil, err
    }
    record := &api.Record{}
    err = proto.Unmarshal(p, record)
    return record, err
}
```

Read(off uint64)は、指定されたオフセットのレコードを返します。書き込みと同様に、レコードを読むために、セグメントは、最初に絶対オフセットを相対オフセットに変換し、関連するインデックスエントリの内容を取得する必要があります。インデックスエントリから位置を取得すると、セグメントはストア内のレコードの位置から、適切な量のデータを読み出せます。

Readメソッドの後に、次のIsMaxedメソッドを追加します。

WriteALogPackage/internal/log/segment.go

```go
func (s *segment) IsMaxed() bool {
    return s.store.size >= s.config.Segment.MaxStoreBytes ||
        s.index.size >= s.config.Segment.MaxIndexBytes ||
        s.index.isMaxed()
}
```

IsMaxedメソッドは、セグメントが最大サイズに達したかどうかを、ストアまたはインデックスへの書き込みが一杯になったかどうかで判断して返します。もし長いレコードであれば、少数のレコードしか書いていなくても、ストアのバイト数の上限に達するでしょう。もし短いレコードを多数書いていれば、インデックスのバイト数の上限に達するでしょう。ログは、このメソッドを使って、新たなセグメントを作成する必要があるのかを知ります。

IsMaxedメソッドの後に、次のRemoveメソッドを追加します。

WriteALogPackage/internal/log/segment.go

```go
func (s *segment) Remove() error {
    if err := s.Close(); err != nil {
        return err
    }
    if err := os.Remove(s.index.Name()); err != nil {
        return err
    }
    if err := os.Remove(s.store.Name()); err != nil {
        return err
    }
    return nil
}
```

Remove メソッドは、セグメントを閉じて、インデックスファイルとストアファイルを削除します。

Remove メソッドの後に、次の Close メソッドを追加します。

WriteALogPackage/internal/log/segment.go

```go
func (s *segment) Close() error {
    if err := s.index.Close(); err != nil {
        return err
    }
    if err := s.store.Close(); err != nil {
        return err
    }
    return nil
}
```

以上でセグメントのコードが完成したので、テストしてみましょう。internal/logディレクトリにsegment_test.goファイルを作成し、次のテストコードを記述します。

WriteALogPackage/internal/log/segment_test.go

```go
package log

import (
    "io"
    "os"
    "testing"

    "github.com/stretchr/testify/require"
    api "github.com/travisjeffery/proglog/api/v1"
    "google.golang.org/protobuf/proto"
)

func TestSegment(t *testing.T) {
```

```
    dir, _ := os.MkdirTemp("", "segment-test")
    defer os.RemoveAll(dir)

    want := &api.Record{Value: []byte("hello world")}

    c := Config{}
    c.Segment.MaxStoreBytes = 1024
    c.Segment.MaxIndexBytes = entWidth * 3

    s, err := newSegment(dir, 16, c)
    require.NoError(t, err)
    require.Equal(t, uint64(16), s.nextOffset)
    require.False(t, s.IsMaxed())

    for i := uint64(0); i < 3; i++ {
        off, err := s.Append(want)
        require.NoError(t, err)
        require.Equal(t, 16+i, off)

        got, err := s.Read(off)
        require.NoError(t, err)
        require.Equal(t, want.Value, got.Value)
    }

    _, err = s.Append(want)
    require.Equal(t, io.EOF, err)

    // インデックスが最大
    require.True(t, s.IsMaxed())
    require.NoError(t, s.Close())

    p, _ := proto.Marshal(want)
    c.Segment.MaxStoreBytes = uint64(len(p)+lenWidth) * 4
    c.Segment.MaxIndexBytes = 1024
    // 既存のセグメントを再構築
    s, err = newSegment(dir, 16, c)
    require.NoError(t, err)
    // ストアが最大
    require.True(t, s.IsMaxed())

    require.NoError(t, s.Remove())

    s, err = newSegment(dir, 16, c)
    require.NoError(t, err)
    require.False(t, s.IsMaxed())
    require.NoError(t, s.Close())
}
```

セグメントにレコードを追加し、同じレコードを読み出し、最終的にストアとインデックスの両

方に設定された最大サイズに達するのかをテストします。同じbaseOffsetとdirでnewSegment
を2回呼び出すことで、この関数が永続化されたインデックスとストアのファイルからセグメント
の状態を読み出すことも確認しています。

　セグメントが動作することが確認できたので、ログを作成する準備が整いました。

3.3.4　ログのコーディング

　最後の仕上げとして、セグメントの集まりを管理するログを作成します。internal/logディレ
クトリに、log.goファイルを作成し、次のコードを書きます。

WriteALogPackage/internal/log/log.go

```go
package log

import (
    "fmt"
    "io"
    "os"
    "path"
    "sort"
    "strconv"
    "strings"
    "sync"

    api "github.com/travisjeffery/proglog/api/v1"
)

type Log struct {
    mu sync.RWMutex

    Dir    string
    Config Config

    activeSegment *segment
    segments      []*segment
}
```

　ログは、セグメントの集まり（segments）と、書き込みを追加するアクティブセグメントへのポ
インタ（activeSegment）で構成されます。ディレクトリ（Dir）に、セグメントを保存します。
Log構造体の後に、次のNewLog関数を書きます。

WriteALogPackage/internal/log/log.go

```go
func NewLog(dir string, c Config) (*Log, error) {
    if c.Segment.MaxStoreBytes == 0 {
        c.Segment.MaxStoreBytes = 1024
    }
```

```
    if c.Segment.MaxIndexBytes == 0 {
        c.Segment.MaxIndexBytes = 1024
    }
    l := &Log{
        Dir:    dir,
        Config: c,
    }

    return l, l.setup()
}
```

NewLog(dir string, c Config)では、まず呼び出しもとがcの値を指定していない場合、デフォルト値を設定します。そして、Logのインスタンスを作成し、そのインスタンスの設定を行います。

次に、NewLog関数の後に、次のsetupメソッドを追加します。

WriteALogPackage/internal/log/log.go

```
func (l *Log) setup() error {
    files, err := os.ReadDir(l.Dir)
    if err != nil {
        return err
    }
    var baseOffsets []uint64
    for _, file := range files {
        offStr := strings.TrimSuffix(
            file.Name(),
            path.Ext(file.Name()),
        )
        off, _ := strconv.ParseUint(offStr, 10, 0)
        baseOffsets = append(baseOffsets, off)
    }
    sort.Slice(baseOffsets, func(i, j int) bool {
        return baseOffsets[i] < baseOffsets[j]
    })
    for i := 0; i < len(baseOffsets); i++ {
        if err = l.newSegment(baseOffsets[i]); err != nil {
            return err
        }
        // baseOffsetsは、インデックスとストアの二つの重複を含んで
        // いるので、重複しているものをスキップする
        i++
    }
    if l.segments == nil {
        if err = l.newSegment(
            l.Config.Segment.InitialOffset,
        ); err != nil {
            return err
```

```
            }
        }
        return nil
    }
```

　ログの開始処理として、ディスク上のセグメントの一覧を取得し、ファイル名からベースオフセットの値を求めてソートします（セグメントのスライスを古い順に並べたいからです）。ディスク上にすでに存在するセグメントを処理して設定します。既存のセグメントがない場合、newSegmentヘルパーメソッド[†7]を使って、渡されたベースオフセット（`InitialOffset`）で最初のセグメントを作成します。

　setupメソッドの後に、次のAppendメソッドを追加します。

WriteALogPackage/internal/log/log.go

```
    func (l *Log) Append(record *api.Record) (uint64, error) {
        l.mu.Lock()
        defer l.mu.Unlock()

        highestOffset, err := l.highestOffset()
        if err != nil {
            return 0, err
        }

        if l.activeSegment.IsMaxed() {
            err = l.newSegment(highestOffset + 1)
            if err != nil {
                return 0, err
            }
        }

        off, err := l.activeSegment.Append(record)
        if err != nil {
            return 0, err
        }

        return off, err
    }
```

　`Append(*api.Record)`は、ログにレコードを追加します。アクティブセグメントが最大サイズ（最大サイズの設定による）以上の場合、新たなアクティブセグメントを作成します。その後、レコードは、アクティブセグメントに追加されます。このAppendメソッド（およびこの後のメソッド）の処理を排他するために、ミューテックスを使っていることに注意してください。ロックを獲得している書き込みがない場合、読み出しのアクセスを許可するためにRWMutexを使っています。

[†7]　訳注：newSegmentメソッドの定義は、39ページにあります。

この実装をさらに最適化して、ログ全体ではなくセグメントごとにロックを獲得することもできます（コードをシンプルにしたいので、ここではそうしていません）。

Appendメソッドの後に、次のReadメソッドを追加します。

```
WriteALogPackage/internal/log/log.go
func (l *Log) Read(off uint64) (*api.Record, error) {
    l.mu.RLock()
    defer l.mu.RUnlock()
    var s *segment
    for _, segment := range l.segments {
        if segment.baseOffset <= off && off < segment.nextOffset {
            s = segment
            break
        }
    }
    if s == nil || s.nextOffset <= off {
        return nil, fmt.Errorf("offset out of range: %d", off)
    }
    return s.Read(off)
}
```

Read(offset uint64)は、指定されたオフセットに保存されているレコードを読み出します。Read(offset uint64)では、まず、指定されたレコードを含むセグメントを見つけます。セグメントは古い順に並んでおり、セグメントのベースオフセットはセグメント内の最小のオフセットなので、ベースオフセットが探しているオフセット以下であり、かつnextOffsetが探しているオフセットより大きい、最初のセグメントを探します。レコードを含むセグメントを見つけたら、そのセグメントのインデックスからインデックスエントリを取得し、ストアファイルからデータを読み出して、そのデータを呼び出しもとに返します。

Readメソッドの後に、次のCloseメソッド、Removeメソッド、Resetメソッドを追加します。

```
WriteALogPackage/internal/log/log.go
func (l *Log) Close() error {
    l.mu.Lock()
    defer l.mu.Unlock()
    for _, segment := range l.segments {
        if err := segment.Close(); err != nil {
            return err
        }
    }
    return nil
}

func (l *Log) Remove() error {
    if err := l.Close(); err != nil {
```

```
            return err
        }
        return os.RemoveAll(l.Dir)
    }

    func (l *Log) Reset() error {
        if err := l.Remove(); err != nil {
            return err
        }
        return l.setup()
    }
```

この部分は、次の関連するメソッドを実装しています。

● Close メソッドは、セグメントをすべてクローズします。
● Remove メソッドは、ログをクローズして、そのデータを削除します。
● Reset メソッドは、ログを削除して、置き換える新たなログを作成します。

この後に、次の LowestOffset メソッドと HighestOffset メソッドを追加します。

WriteALogPackage/internal/log/log.go
```
    func (l *Log) LowestOffset() (uint64, error) {
        l.mu.RLock()
        defer l.mu.RUnlock()
        return l.segments[0].baseOffset, nil
    }

    func (l *Log) HighestOffset() (uint64, error) {
        l.mu.RLock()
        defer l.mu.RUnlock()

        return l.highestOffset()
    }

    func (l *Log) highestOffset() (uint64, error) {
        off := l.segments[len(l.segments)-1].nextOffset
        if off == 0 {
            return 0, nil
        }
        return off - 1, nil
    }
```

　これらの二つのメソッドは、ログに保存されているオフセット範囲を教えてくれます。「**8章
合意形成によるサービス連携**」（147ページ）では、レプリケーションを行う連携型クラスタのサ
ポートに取り組む際に、どのノードが最も古いデータと最新のデータを持っているか、どのノード

が遅れていてレプリケーションを行う必要があるかを知るために、ログに保存されているオフセット範囲の情報が必要になります。

HighestOffset メソッドの後に、次の Truncate メソッドを追加します。

WriteALogPackage/internal/log/log.go

```go
func (l *Log) Truncate(lowest uint64) error {
    l.mu.Lock()
    defer l.mu.Unlock()
    var segments []*segment
    for _, s := range l.segments {
        if s.nextOffset <= lowest+1 {
            if err := s.Remove(); err != nil {
                return err
            }
            continue
        }
        segments = append(segments, s)
    }
    l.segments = segments
    return nil
}
```

Truncate(lowest uint64) は、最大オフセットが lowest よりも小さいセグメントをすべて削除します。ディスク容量は無限ではないので、定期的に Truncate を呼び出して、それまでに処理したデータで不要になった古いセグメントを削除します。

Truncate メソッドの後に、次のコードを追加します。

WriteALogPackage/internal/log/log.go

```go
func (l *Log) Reader() io.Reader {
    l.mu.RLock()
    defer l.mu.RUnlock()
    readers := make([]io.Reader, len(l.segments))
    for i, segment := range l.segments {
        readers[i] = &originReader{segment.store, 0}
    }
    return io.MultiReader(readers...)
}

type originReader struct {
    *store
    off int64
}

func (o *originReader) Read(p []byte) (int, error) {
    n, err := o.ReadAt(p, o.off)
    o.off += int64(n)
```

```
        return n, err
    }
```

　Readerメソッドは、ログ全体を読み込むためのio.Readerを返します。合意形成の連携を実装し、スナップショットをサポートし、ログの復旧をサポートする必要がある場合、この機能が必要になります。Readerメソッドはio.MultiReaderを使って、セグメントのストアを連結しています。セグメントのストアはoriginReader型で保持されており、それには二つの理由があります。一つ目の理由は、io.Readerインタフェースを満たし、それをio.MultiReader呼び出しに渡すためです。二つ目の理由は、ストアの最初から読み込みを開始し、そのファイル全体を読み込むことを保証するためです。

　最後にログに追加するメソッドがありますが、それは新たなセグメントを作成する関数です。Readメソッドの後に、次のnewSegmentメソッドを追加します。

WriteALogPackage/internal/log/log.go

```go
func (l *Log) newSegment(off uint64) error {
    s, err := newSegment(l.Dir, off, l.Config)
    if err != nil {
        return err
    }
    l.segments = append(l.segments, s)
    l.activeSegment = s
    return nil
}
```

　newSegment(off uint64)は、新たなセグメントを作成し、ログのセグメントのスライスに追加します。そして、その新たなセグメントをアクティブなセグメントとして設定するので、その後のAppendメソッドの呼び出しはその新たなセグメントに書き込むことになります。

　では、ログをテストしましょう。internal/logディレクトリに、log_test.goを作成して、次のコードで書き始めます。

WriteALogPackage/internal/log/log_test.go

```go
package log

import (
    "io"
    "os"
    "testing"

    "github.com/stretchr/testify/require"
    api "github.com/travisjeffery/proglog/api/v1"
    "google.golang.org/protobuf/proto"
)
```

```go
func TestLog(t *testing.T) {
    for scenario, fn := range map[string]func(
        t *testing.T, log *Log,
    ){
        "append and read a record succeeds": testAppendRead,
        "offset out of range error":          testOutOfRangeErr,
        "init with existing segments":         testInitExisting,
        "reader":                              testReader,
        "truncate":                            testTruncate,
    } {
        t.Run(scenario, func(t *testing.T) {
            dir, err := os.MkdirTemp("", "store-test")
            require.NoError(t, err)
            defer os.RemoveAll(dir)

            c := Config{}
            c.Segment.MaxStoreBytes = 32
            log, err := NewLog(dir, c)
            require.NoError(t, err)

            fn(t, log)
        })
    }
}
```

TestLog(*testing.T) は、テストの表を定義して、ログをテストします。表を使ってログのテストを書くことで、テストケースごとに新たなログを作成するコードを繰り返す必要がありません[†8]。

では、テストケースを定義します。TestLog関数の後に、次のテストケースを追加します。

WriteALogPackage/internal/log/log_test.go

```go
func testAppendRead(t *testing.T, log *Log) {
    append := &api.Record{
        Value: []byte("hello world"),
    }
    off, err := log.Append(append)
    require.NoError(t, err)
    require.Equal(t, uint64(0), off)

    read, err := log.Read(off)
    require.NoError(t, err)
    require.Equal(t, append.Value, read.Value)
    require.NoError(t, log.Close())
```

[†8] 訳注： c.Segment.MaxStoreBytes = 32 と設定しているので、以降のテストで書き込んでいるレコードは、一つのセグメントに二つしか書き込めないことに注意してください。三つのレコードを書き込むと、二つのセグメントが作成されることになります。

```
    }
```

testAppendRead(*testing.T, *log.Log)は、ログへの追加とログからの読み出しが正常に行えるのかをテストしています。ログにレコードを追加すると、ログはそのレコードに関連付けたオフセットを返します。したがって、ログにそのオフセットにあるレコードを要求すると、追加したレコードと同じレコードが返ってくるはずです。

WriteALogPackage/internal/log/log_test.go

```go
func testOutOfRangeErr(t *testing.T, log *Log) {
    read, err := log.Read(1)
    require.Nil(t, read)
    require.Error(t, err)
    require.NoError(t, log.Close())
}
```

testOutOfRangeErr(*testing.T, *log.Log)は、ログに保存されているオフセットの範囲外のオフセットを読み取ろうとすると、ログがエラーを返すことをテストします。

WriteALogPackage/internal/log/log_test.go

```go
func testInitExisting(t *testing.T, o *Log) {
    append := &api.Record{
        Value: []byte("hello world"),
    }
    for i := 0; i < 3; i++ {
        _, err := o.Append(append)
        require.NoError(t, err)
    }
    require.NoError(t, o.Close())

    off, err := o.LowestOffset()
    require.NoError(t, err)
    require.Equal(t, uint64(0), off)
    off, err = o.HighestOffset()
    require.NoError(t, err)
    require.Equal(t, uint64(2), off)

    n, err := NewLog(o.Dir, o.Config)
    require.NoError(t, err)

    off, err = n.LowestOffset()
    require.NoError(t, err)
    require.Equal(t, uint64(0), off)
    off, err = n.HighestOffset()
    require.NoError(t, err)
    require.Equal(t, uint64(2), off)
    require.NoError(t, n.Close())
```

```
    }
```

testInitExisting(*testing.T, *log.Log)は、ログを作成したときに、以前のログのインスタンスが保存したデータからログが再開するのかをテストします。もとのログに三つのレコードを追加してから、ログをクローズします。次に、古いログと同じディレクトリを指定して新たなログのインスタンスを作成します。最後に、新たなログがもとのログによって保存されたデータから自分自身を設定したことを確認しています。

WriteALogPackage/internal/log/log_test.go

```go
func testReader(t *testing.T, log *Log) {
    append := &api.Record{
        Value: []byte("hello world"),
    }
    off, err := log.Append(append)
    require.NoError(t, err)
    require.Equal(t, uint64(0), off)

    reader := log.Reader()
    b, err := io.ReadAll(reader)
    require.NoError(t, err)

    read := &api.Record{}
    err = proto.Unmarshal(b[lenWidth:], read)
    require.NoError(t, err)
    require.Equal(t, append.Value, read.Value)
    require.NoError(t, log.Close())
}
```

testReader(*testing.T, *log.Log)は、「8.2.3　有限ステートマシーン」（158ページ）のログのスナップショットを作成したり、ログを復元できたりするように、ディスクに保存されているそのままのログを読み込めるのかをテストしています。

WriteALogPackage/internal/log/log_test.go

```go
func testTruncate(t *testing.T, log *Log) {
    append := &api.Record{
        Value: []byte("hello world"),
    }
    for i := 0; i < 3; i++ {
        _, err := log.Append(append)
        require.NoError(t, err)
    }

    err := log.Truncate(1)
    require.NoError(t, err)
```

```
    _, err = log.Read(0)
    require.Error(t, err)
    require.NoError(t, log.Close())
}
```

　testTruncate(*testing.T, *log.Log) は、ログを切り詰めて、必要のない古いセグメント
を削除できるのかをテストしています。

　これでログのコードが完成しました。Kafkaを動かすためのログとさほど変わらないログを書き
ましたし、それほど苦労することもありませんでした。

3.4　学んだこと

　ログとは何か、なぜ重要なのか、そして分散サービスを含むさまざまなアプリケーションでど
のように使われるのかを理解したと思います。そして、ログの作成方法も学びました。このログ
は、私たちの分散ログの基礎となるものです。これで、ライブラリのサービスを構築し、他のコン
ピュータから人々がこのライブラリの機能にアクセスできるようにする準備が整いました。

第II部
ネットワーク

4章
gRPCによるリクエスト処理

プロジェクトとプロトコルバッファを設定し、ログライブラリを作成しました。現在、私たちのライブラリは、一度に一人が1台のコンピュータ上でしか使えません。さらに、その人はライブラリのAPIを学び、私たちのコードを実行し、ログを自分のディスクに保存しなければなりません。ほとんどの人はそのようなことはしないでしょうから、私たちのライブラリの利用者は限られます。多くの人にアピールするには、ライブラリをウェブサービス化する必要があります。1台のコンピュータ上で動作するプログラムに比べて、ネットワークサービスには三つの大きな利点があります。

- 可用性と拡張性のために、複数のコンピュータで実行できます。
- 複数の人が同じデータを扱えます。
- 人々にとって使いやすいアクセス可能なインタフェースを提供します。

このような利点を得るためにサービスを作りたい状況としては、フロントエンドが利用する公開APIの提供、社内サービス基盤ツールの構築、自分のビジネスを構築するためのサービスの構築などが挙げられます（ライブラリだけを利用するためにお金を払う人はほとんどいません）。

この章では、私たちのライブラリを使って、複数の人が同じデータを扱い、複数のコンピュータで動作するサービスを作成します。この章では、クラスタのサポートはまだ行いません。「**8章 合意形成によるサービス連携**」（147ページ）で行います。私が、分散サービスでリクエストを提供するために見つけた最良のツールは、GoogleのgRPCです。

4.1　gRPCとは何か

以前、分散サービスを構築したとき、私を悩ませたのは、クライアントとサーバ間の互換性の維持とパフォーマンスの維持でした。

私は、クライアントとサーバで常に互換性があることを保証したかったのです。つまり、クライアントはサーバが理解できるリクエストを送信し、その逆にサーバのレスポンスも理解できること

を保証したかったのです。互換性のない変更をサーバに行う際には、古いクライアントも継続して
動作できるようにする必要があったので、APIをバージョン管理することで実現しました。

　優れたパフォーマンスを維持するための優先事項は、データベースのクエリを最適化すること
と、ビジネスロジックを実装するために使うアルゴリズムを最適化することです。しかし、これら
を最適化した後でも、パフォーマンスは、サービスがいかに速くリクエストをアンマーシャルして
レスポンスをマーシャルするか、クライアントとサーバが通信するごとのオーバーヘッドを減らす
かにかかっていることが多いです。たとえば、リクエストごとに新たなコネクションを確立するの
ではなく、一つのコネクションを長く使うことなどです。

　したがって、Googleがオープンソースで高性能なRPC（*Remote Procedure Call*）フレームワー
クである gRPC をリリースしたときは嬉しかったです。gRPC は、分散システムを構築する際の
前述の問題を解決する上で大きな助けとなりますし、みなさんの仕事も簡単になります。では、
gRPC はサービス構築にどのように役立つのでしょうか。

4.2　サービス構築の目標

　ここでは、ネットワークサービスを構築する際に目指すべき最も重要な目標と、それを達成する
ために gRPC がどのように役立つかについて説明します。

簡潔性

　　　ネットワーク通信は技術的に複雑です。サービスを構築する際には、リクエストとレスポン
　　　スのシリアライズなどの技術的な細かい部分よりも、解決する問題に集中したいのです。そ
　　　のためには、これらの詳細を抽象化したAPIを利用したいわけです。しかし、低い抽象レベ
　　　ルで扱う必要がある場合、そのレベルにアクセス可能である必要があります。

　　　低レベルから高レベルまでのフレームワークの中で、扱う抽象化に関しては、gRPC は中・
　　　高レベルです。gRPC は、エンドポイントのシリアライズ方法や構造を決定し、双方向スト
　　　リーミングなどの機能を提供するため、Express[†1]のようなフレームワークよりも上位に位
　　　置します。しかし、Ruby on Rails はリクエストの処理からデータの保存、アプリケーショ
　　　ンの構造化までのすべてを処理するため、gRPC は Ruby on Rails のようなフレームワーク
　　　よりも下位に位置します。gRPC はミドルウェアを通して拡張可能であり、その活発なコ
　　　ミュニティ[†2]では、サービスを構築する際に直面する多くの問題を解決するためのミドル
　　　ウェア[†3]が開発されています。たとえば、ロギング、認証、レートリミット、トレースなど
　　　です。

---

†1　訳注：Node.js 用のフレームワークです。
†2　https://github.com/grpc-ecosystem
†3　https://github.com/grpc-ecosystem/go-grpc-middleware

保守性

サービスの最初のバージョンを書くことは、そのサービスに費やすすべての時間のほんの一部にすぎません。サービスが公開され、人々がそれに依存するようになったら、後方互換性を維持しなければなりません。リクエスト・レスポンス方式のAPIでは、後方互換性を維持する最も簡単な方法は、APIの複数のインスタンスをバージョン管理して実行することです。

gRPCでは、APIの大きな変更があった場合、サービスの別バージョンを書いて実行することが容易にできます。一方で、小さな変更についてはprotobufのフィールドバージョンを活用できます。すべてのリクエストとレスポンスの型を検査することで、自分や仲間がサービスを構築する際に、誤って後方互換性のない変更を導入することを防げます。

セキュリティ

ネットワーク上でサービスを公開する場合、そのネットワーク上の誰に対しても（もしかするとインターネット全体に対して）、サービスを公開することになります。自分のサービスに誰がアクセスし、何ができるのかを制御することが重要です。

gRPCは、SSL/TLS（*Secure Sockets Layer/Transport Layer Security*）をサポートしており、クライアントとサーバ間でやり取りされるすべてのデータを暗号化します。また、リクエストに認証情報を添付することで、どのユーザがリクエストを行っているのかを知ることができます。セキュリティについては次の章で説明します。

使いやすさ

サービスを作るということは、人々に使ってもらい、彼らの問題を解決してもらうことです。あなたのサービスが使いやすければ使いやすいほど、広く使われるでしょう。ユーザが何か間違ったことをしているとき、たとえば間違ったリクエストでAPIを呼び出しているときなどに、ユーザに間違っていると伝えることで、サービスを使いやすくするのに役立ちます。

gRPCでは、サービスのメソッドから、リクエストやレスポンスとそれらの内容に至るまで、すべてが型で定義されます。型定義だけで十分ではない場合のために、コンパイラはprotobufからのコメントをコードにコピーして、ユーザを支援します。ユーザは、コードが型検査されることで、正しくAPIを使っているのかを知ることができます。リクエスト、レスポンス、モデル、シリアライズのすべてで型が検査されていることは、サービスの使い方を学ぶ人にとって大きな助けとなります。また、gRPCでは、ユーザがgodocでAPIの詳細を調べることができます。多くのフレームワークはこれらの便利な機能を提供していません。

パフォーマンス

できるだけ少ないリソースで、できるだけ高速なサービスを提供したいでしょう。たとえ
ば、Google Cloud Platform の n1-standard-1（月額32ドル程度）のインスタンスでアプリ
ケーションを動作させることができれば、n1-standard-2（月額63ドル程度）のインスタン
スで動作させるよりも費用が半分になります[†4]。

gRPC は protobuf と HTTP/2 という強固な基盤の上に構築されています。強固な理由は、
protobufはシリアライズに優れた性能を発揮し、HTTP/2は、gRPCが利用する長く維持されるコ
ネクションを提供しているからです。そのため、サービスは効率的に実行され、不必要に高いサー
バ費用は発生しません。

スケーラビリティ

スケーラビリティ（*scalability*）とは、複数のコンピュータに負荷を分散させるロードバラン
スによる規模拡大と、プロジェクトの開発人数を増やす規模拡大のことを指します。gRPC
は、この2種類の規模拡大を容易にしています。

シッククライアント型のクライアント側ロードバランス、プロキシ・ロード・バランス、ルック・
アサイド・ロード・バランス、サービスメッシュといった、さまざまな種類のgRPCによる負荷分
散[†5]を必要に応じて使えます。

プロジェクトに携わる人の数を増やすために、gRPCでは、サービスの定義を、gRPCがサポー
トするさまざまな言語のクライアントとサーバ用のスタブコードへとコンパイルできます。それに
より、自分が使う言語でサービスを構築し、サービス間で相互に通信します。

サービスを構築する目的が分かったので、目的を達成するgRPCサービスを作成してみましょう。

4.3　gRPCサービスの定義

gRPCサービスは、基本的に関連するRPCエンドポイントのグループです。そのグループ内の
RPCエンドポイントが互いにどのように関連するかは、設計するあなた次第です。一般的な例で
は、RESTfulなRPCエンドポイントのグループであり、各エンドポイントが同じリソースに対して
操作するという関連性を持っています。しかし、グループ内のRPCエンドポイントの関連は、それ
よりも緩くても構いません。一般的には、何らかの問題を解決するために必要なRPCエンドポイ
ントのグループということになります。私たちの場合、目標は人々が自分のログを書き込んだり、
ログから読み出したりすることです。

[†4]　訳注：https://cloud.google.com/compute/all-pricing
[†5]　https://grpc.io/blog/grpc-load-balancing

　gRPCサービスを作成するには、protobufでサービスを定義し、プロトコルバッファをクライアントとサーバのスタブコードへとコンパイルする作業を行います。それから、サーバを実装します。まず、Recordメッセージを定義したlog.protoファイルを開き、メッセージの定義の後に、次のサービス定義を追加します。

ServeRequestsWithgRPC/api/v1/log.proto

```
service Log {
  rpc Produce(ProduceRequest) returns (ProduceResponse) {}
  rpc Consume(ConsumeRequest) returns (ConsumeResponse) {}
  rpc ConsumeStream(ConsumeRequest) returns (stream ConsumeResponse) {}
  rpc ProduceStream(stream ProduceRequest) returns (stream ProduceResponse) {}
}
```

　予約語のserviceは、コンパイラが生成するサービスであることを示します。各rpc行はそのサービスのエンドポイントであり、エンドポイントが受け付けるリクエストとレスポンスの型も指定します。リクエストとレスポンスは、コンパイラがGo構造体に変換するメッセージで、前の章で見たようなものです。

　ストリーミングではない二つのエンドポイントの他に、次の二つのストリーミングのエンドポイントがあります。

- ConsumeStream：クライアントがサーバにリクエストを送信し、一連のメッセージを読み出すためのストリームを受信するストリーミングRPCです。
- ProduceStream：クライアントとサーバの両方が読み書き可能なストリームを使って一連のメッセージを送信する双方向ストリーミングRPCです。二つのストリームは独立して動作するため、クライアントとサーバは好きな順序で読み書きできます。たとえば、サーバは、クライアントのリクエストをすべて受信してから、レスポンスを返すことができます[6]。サーバがリクエストを一括して処理したり、複数のリクエストに対するレスポンスを一つに集約したりする必要がある場合、この方法で呼び出しを行います。また、サーバは各リクエストに対して順次、レスポンスを送り返すこともできます。個々のリクエストに対応するレスポンスが必要な場合、この方法で呼び出しを行います。

　サービス定義の後に、次のコードを追加して、リクエストとレスポンスを定義します。

ServeRequestsWithgRPC/api/v1/log.proto

```
message ProduceRequest  {
  Record record = 1;
```

---

[6]　訳注：この本では、複数のリクエストを受け取って、一つのレスポンスを返すようなサーバの実装は行われていません。あくまでも、RPCの仕様としてそのような使い方および実装が可能だということです。

```
}

message ProduceResponse  {
  uint64 offset = 1;
}

message ConsumeRequest {
  uint64 offset = 1;
}

message ConsumeResponse {
  Record record = 1;
}
```

ProduceRequestにはログに書き込むレコードが含まれ、ProduceResponseではレコードのオフセットが返されます（オフセットは、実質的にレコードの識別子です）。読み出す場合も同様で、ユーザが読み出したいログのオフセットをConsumeRequestに指定すると、サーバは指定されたレコードを返します。

Logサービス定義を使ってクライアント側とサーバ側のスタブコードを生成するには、gRPCプラグインを使うようにprotobufコンパイラに指示する必要があります。

4.4　gRPCプラグインでコンパイル

この作業はすぐに完了します。次のコマンドを実行して、gRPCパッケージをインストールします。

```
$ go get google.golang.org/grpc@v1.45.0
$ go install google.golang.org/grpc/cmd/protoc-gen-go-grpc@v1.2.0
```

次に、Makefileを開いてください。gRPCプラグインを有効にして、gRPCサービスをコンパイルするには、コンパイルターゲットを次のように更新します。

ServeRequestsWithgRPC/Makefile
```
compile:
    protoc api/v1/*.proto \
        --go_out=. \
        --go-grpc_out=. \
        --go_opt=paths=source_relative \
        --go-grpc_opt=paths=source_relative \
        --proto_path=.
```

make compileを実行します。それから、api/v1ディレクトリにあるlog_grpc.pb.goファイルを開き、生成されたコードを確認してください。gRPCのログクライアントと私たちが実装す

るログサービス API があります[†7]。

4.5　gRPCサーバの実装

　コンパイラがサーバのスタブコードを生成したので、私たちに残された仕事はサーバを実装することです。サーバを実装するには、protobuf のサービス定義に一致するメソッドを持つ構造体を作る必要があります。

　「**1 章　レッツ Go**」で、internal/server ディレクトリを作成しました。internal パッケージとは、隣接するディレクトリのコードからしかインポートできない Go の魔法のパッケージです。たとえば、/a/b/c/internal/d/e/f にあるコードは /a/b/c 以下のコードからはインポートできますが、/a/b/g 以下のコードからはインポートできません。internal ディレクトリでは、server.go というファイルと server というパッケージでサーバを実装します。まず最初に行うべきことは、サーバの型と、サーバのインスタンスを作成するための生成関数を定義することです。

　次は、server.go ファイルに書く必要のあるコードです。

ServeRequestsWithgRPC/internal/server/server.go

```go
package server

import (
    "context"

    api "github.com/travisjeffery/proglog/api/v1"
    "google.golang.org/grpc"
)

type Config struct {
    CommitLog CommitLog
}

var _ api.LogServer = (*grpcServer)(nil)

type grpcServer struct {
    api.UnimplementedLogServer
    *Config
}

func newgrpcServer(config *Config) (srv *grpcServer, err error) {
    srv = &grpcServer{
        Config: config,
    }
```

---

†7　訳注：ログクライアントを生成して返す NewLogClient 関数があり、サーバとして実装すべき LogServer インタフェースがあります。

```
    return srv, nil
}
```

　log_grpc.pb.goで定義されているAPIを実装するには、ConsumeとProduceのハンドラを
実装する必要があります。私たちのgRPCレイヤはログライブラリに任せるだけの薄いものなの
で、これらのメソッドを実装するために、ログライブラリを呼び出してエラー処理を行います。
newgrpcServer関数の後に、次のコードを追加してください。

ServeRequestsWithgRPC/internal/server/server.go

```
func (s *grpcServer) Produce(ctx context.Context, req *api.ProduceRequest) (
    *api.ProduceResponse, error) {
    offset, err := s.CommitLog.Append(req.Record)
    if err != nil {
        return nil, err
    }
    return &api.ProduceResponse{Offset: offset}, nil
}

func (s *grpcServer) Consume(ctx context.Context, req *api.ConsumeRequest) (
    *api.ConsumeResponse, error) {
    record, err := s.CommitLog.Read(req.Offset)
    if err != nil {
        return nil, err
    }
    return &api.ConsumeResponse{Record: record}, nil
}
```

　このコードで、サーバに Produce(context.Context, *api.ProduceRequest) メソッドと
Consume(context.Context, *api.ConsumeRequest) メソッドを実装しました。これらのメ
ソッドは、クライアントがサーバへログを書き込んだり、サーバからログを読み出したりするリク
エストを処理します。次に、ストリーミングAPIのメソッドの実装を追加しましょう。上記のコー
ドの後に、次のコードを追加してください。

ServeRequestsWithgRPC/internal/server/server.go

```
func (s *grpcServer) ProduceStream(
    stream api.Log_ProduceStreamServer,
) error {
    for {
        req, err := stream.Recv()
        if err != nil {
            return err
        }
        res, err := s.Produce(stream.Context(), req)
        if err != nil {
            return err
```

```
        }
        if err = stream.Send(res); err != nil {
            return err
        }
    }
}

func (s *grpcServer) ConsumeStream(
    req *api.ConsumeRequest,
    stream api.Log_ConsumeStreamServer,
) error {
    for {
        select {
        case <-stream.Context().Done():
            return nil
        default:
            res, err := s.Consume(stream.Context(), req)
            switch err.(type) {
            case nil:
            case api.ErrOffsetOutOfRange:
                continue
            default:
                return err
            }
            if err = stream.Send(res); err != nil {
                return err
            }
            req.Offset++
        }
    }
}
```

ProduceStream(api.Log_ProduceStreamServer) は双方向ストリーミング RPC を実装しているので、クライアントは複数のリクエストをサーバへとストリーミングでき、サーバは各リクエストが成功したかどうかをクライアントに伝えられます。ConsumeStream (*api.ConsumeRequest, api.Log_ConsumeStreamServer) はサーバ側のストリーミングRPC を実装しているので、クライアントはサーバにログ内のどのレコードを読み出すかを指示でき、サーバはそのレコード以降の（まだ書き込まれていないレコードも含めて）すべてのレコードをストリーミングします。サーバがログの最後に到達すると、サーバは新たなレコードが追加されるまで待って[8]、クライアントにレコードのストリーミングを続けます。

gRPC サービスを構成するコードは短くて簡単です。これは、ネットワークとログのコードがきれいに分離されていることを示しています。しかし、サービスのコードが短い理由の一つは、最も

---

[8] 訳注：ConsumeStream メソッドの実装は、新たなレコードが追加されるのを待っておらず、実際には新たなレコードが来るまでポーリングしています。そのため、continue 文の前に、time.Sleep(time.Second) とかの呼び出しを入れてスリープすべきです。

基本的なエラー処理しか行っていないからです。つまり、ライブラリが返したエラーをそのままクライアントに送信しているだけです。

　クライアントがメッセージを読み出すことを試みて、そのリクエストが失敗した場合、開発者はその理由を知りたいと思うでしょう。サーバがメッセージを見つけられなかったのか、サーバが予期せず失敗したのかなどです。サーバはそのような情報をステータスコードで伝えます。また、エンドユーザは、アプリケーションが失敗したことを知る必要があります。そのため、サーバは、クライアントがユーザに表示できるように、人間が読めるエラーを送り返す必要があります。

　それでは、サービスのエラー処理を改善する方法を探求してみましょう。

4.5.1　gRPCでのエラー処理

　gRPCのもう一つの優れた機能は、エラーの処理方法です。前述のコードでは、Go標準ライブラリのコードと同じようにエラーを返しています。そのコードは、異なるコンピュータ上の人々からの呼び出しを処理することになりますが、ネットワークの詳細を抽象化しているgRPCのおかげで、どこからの呼び出しであるかを知りません。デフォルトでは、エラーには文字列の説明しかありませんが、ステータスコードやその他の任意のデータなど、多くの情報を含めることもできます。

　GoのgRPC実装には素晴らしい`status`パッケージ[†9]があり、それを使ってステータスコード付きのエラーを作成したり、エラーに含める他のデータを作成できたりします。ステータスコード付きのエラーを作成するには、`status`パッケージの`Error`関数でエラーを作成し、`codes`パッケージ[†10]から、エラーの種類に合った関連するコードを渡します。ここでエラーに付加するステータスコードは、`codes`パッケージで定義されているコードでなければなりません。それらのコードは、gRPCがサポートする言語間で一貫性を持たせることを意図しています。たとえば、あるIDのレコードが見つからなかった場合、次のような`NotFound`コードを使います。

```
err := status.Error(codes.NotFound, "id was not found")
return nil, err
```

　クライアント側では、`status`パッケージの`FromError`関数を使って、エラーからどのコードであるかを解析します。エラー処理では、ステータス以外のエラーをできるだけ少なくすることが目標となります。そうすれば、なぜエラーが発生したのかが分かり、そのエラーを適切に処理できます。ステータス以外のエラーは、予期せぬサーバ内部のエラーです。次は、`FromError`関数を使って、gRPCエラーからステータスを解析する方法です。

```
st, ok := status.FromError(err)
if !ok {
    // Errorはステータスエラーではなかった
}
```

---

† 9　https://pkg.go.dev/google.golang.org/grpc/status
† 10　https://pkg.go.dev/google.golang.org/grpc/codes

```
// st.Message()とst.Code()を使う
```

　ステータスのコード以外の情報が必要な場合（エラーをデバッグするために、ログやトレースなどの詳細情報が必要な場合）、statusパッケージのWithDetails関数を使えます。その関数でエラーに任意のメッセージを添付できます。

　errdetailsパッケージ[†11]は、不正なリクエストを処理するためのメッセージ、デバッグ情報、ローカライズされたメッセージなど、サービスを構築する際に役立つ機能を提供しています。

　それでは、errdetailsパッケージのLocalizedMessageを使って、ユーザに返してよいエラーメッセージで応答するように、前述の例を変更してみましょう。次のコードでは、まず新たなNotFoundステータスを作成し、次にメッセージとロケールを指定してローカライズされたメッセージを作成しています。次に、ステータスにその詳細を添付し、最後にステータスを変換してGoのerrorとして返しています。

```
st := status.New(codes.NotFound, "id was not found")
d := &errdetails.LocalizedMessage{
    Locale: "en-US",
    Message: fmt.Sprintf(
        "We couldn't find a user with the email address: %s",
        id,
    ),
}
var err error
st, err = st.WithDetails(d)
if err != nil {
    // エラーなら、ここでは常にエラーとなるので、
    // 黙って無視するよりは、エラーの理由を
    // 知ることができるように、panicするほうがよい。
    panic(fmt.Sprintf("Unexpected error attaching metadata: %v", err))
}
return st.Err()
```

　クライアント側でこれらの詳細を取り出すには、エラーをステータスに戻し、Detailsメソッドで詳細を取り出し、詳細の型をサーバで設定したprotobufの型に合わせて変換する必要があります。この例では、その型は*errdetails.LocalizedMessageです。

　そのためのコードは、次のようになります。

```
st := status.Convert(err)
for _, detail := range st.Details() {
    switch t := detail.(type) {
    case *errdetails.LocalizedMessage:
        // t.Messageをユーザに返送する
    }
```

---

†11 https://pkg.go.dev/google.golang.org/genproto/googleapis/rpc/errdetails

```
    }
```

　サービスに戻って、クライアントがログの範囲外のオフセットから読み出そうとしたときに、サーバがクライアントに送り返す ErrOffsetOutOfRange というカスタムエラーを追加してみましょう。api/v1 ディレクトリに error.go というファイルを作成して、次のコードを書きます。

ServeRequestsWithgRPC/api/v1/error.go

```go
package log_v1

import (
    "fmt"

    "google.golang.org/genproto/googleapis/rpc/errdetails"
    "google.golang.org/grpc/status"
)

type ErrOffsetOutOfRange struct {
    Offset uint64
}

func (e ErrOffsetOutOfRange) GRPCStatus() *status.Status {
    st := status.New(
        404,
        fmt.Sprintf("offset out of range: %d", e.Offset),
    )
    msg := fmt.Sprintf(
        "The requested offset is outside the log's range: %d",
        e.Offset,
    )

    d := &errdetails.LocalizedMessage{
        Locale:  "en-US",
        Message: msg,
    }
    std, err := st.WithDetails(d)
    if err != nil {
        return st
    }
    return std
}

func (e ErrOffsetOutOfRange) Error() string {
    return e.GRPCStatus().Err().Error()
}
```

　次に、このエラーを使ってログを更新してみましょう。ログの Read(offset uint64) メソッドの次の部分を internal/log/log.go で見つけてください。

WriteALogPackage/internal/log/log.go

```
if s == nil || s.nextOffset <= off {
    return nil, fmt.Errorf("offset out of range: %d", off)
}
```

そして、この部分を次のように変更します。

ServeRequestsWithgRPC/internal/log/log.go

```
if s == nil || s.nextOffset <= off {
    return nil, api.ErrOffsetOutOfRange{Offset: off}
}
```

最後に、internal/log/log_test.go 内の関連する testOutOfRange(*testing.T, *log.
Log) テストを、次のコードに更新する必要があります。

ServeRequestsWithgRPC/internal/log/log_test.go

```
func testOutOfRangeErr(t *testing.T, log *Log) {
    read, err := log.Read(1)
    require.Nil(t, read)
    apiErr := err.(api.ErrOffsetOutOfRange)
    require.Equal(t, uint64(1), apiErr.Offset)
}
```

　作成したカスタムエラーでは、クライアントがログの範囲外のオフセットから読み出そう
とすると、ログはローカライズされたメッセージ、ステータスコード、エラーメッセージな
どの有用な情報を含むエラーを返します。エラーは構造体型なので、何が起きたかを知るた
めに Read(offset uint64) メソッドが返すエラーに対して型 switch を行えます[†12]。この機
能は、すでに ConsumeStream(*api.ConsumeRequest, api.Log_ConsumeStreamServer) メ
ソッドで使っており、サーバがログの最後まで読み込んだかどうか、誰かが別のレコードを生成す
るまで待つ必要があるのかを知ることができます（次のコードは再掲載です）。

ServeRequestsWithgRPC/internal/server/server.go

```
func (s *grpcServer) ConsumeStream(
    req *api.ConsumeRequest,
    stream api.Log_ConsumeStreamServer,
) error {
    for {
        select {
        case <-stream.Context().Done():
```

[†12] 訳注：この部分は、前述の testOutOfRangeErr 関数内の Read メソッドの呼び出しを指しているのではなく、この後に再掲
載されている ConsumeStream メソッド内で呼び出している、Consume メソッド内での Read メソッドの呼び出しを指してい
ます。

```
            return nil
        default:
            res, err := s.Consume(stream.Context(), req)
            switch err.(type) {
            case nil:
            case api.ErrOffsetOutOfRange:
                continue
            default:
                return err
            }
            if err = stream.Send(res); err != nil {
                return err
            }
            req.Offset++
        }
    }
}
```

ユーザが失敗の理由を知ることができるように、ステータスコードと人が読めるローカライズされたエラーメッセージを含めることで、サービスのエラー処理を改善しました。次に、サービス用のログを表すインタフェースを定義することで、異なるログの実装を渡せて、サービスのテストを書きやすくします。

4.5.2　インタフェースによる依存性逆転

私たちのサーバは、抽象化したログに依存しています。たとえば、本番環境で動作している場合、すなわち、サービスがユーザのデータを永続化する必要がある場合、サービスはログのライブラリに依存します。しかし、テスト環境で実行する場合、テストデータを永続化する必要は**ない**ので、単純なメモリ内ログを使えます。メモリ内ログでは、実行が速くなるので、テストに適しています。

このことから分かるように、私たちのサービスが特定のログ実装に縛られないことが最善です。代わりに、ニーズに応じてログの実装を渡したいのです。それは、サービスが具象型ではなく、ログの**インタフェース**に依存するようにすることで可能になります。そうすることで、サービスは、そのログのインタフェースを満たす任意のログの実装を使えます[13]。

server.goのgrpcServerメソッドの後に、次のコードを追加します。

ServeRequestsWithgRPC/internal/server/server.go

```
type CommitLog interface {
    Append(*api.Record) (uint64, error)
    Read(uint64) (*api.Record, error)
}
```

---

[13]　訳注：この本では、メモリ内ログといった別の実装は示されていません。

これで、サービスが`CommitLog`インタフェースを満たす任意のログ実装を使えるようになります[†14]。

では、ユーザが新たなサービスをインスタンス化できるように、公開APIを書いてみましょう。

4.6　サーバの登録

サーバを実装しましたが、gRPCに特化した処理はまだ何も行っていません。サービスをgRPCで動作させるには、三つのステップが残っています。幸いなことに、そのうちの二つだけを実行すればよいことになります。つまり、gRPCサーバを作成して、そのサーバでサービスを登録することです。最後のステップは、サーバに接続を受け付けるリスナーを与えることです。しかし、テストの際にユーザが独自のリスナーの実装を渡すことになるでしょう。これらの三つのステップが完了すると、gRPCサーバはネットワークに対してリッスンし、リクエストを処理し、私たちのサーバを呼び出し、その結果をクライアントに返します。

サービスをインスタンス化し、gRPCサーバを作成し、そのサーバにサービスを登録する方法をユーザに提供するために、`server.go`の`grpcServer`構造体の前に、次の`NewGRPCServer`関数を追加します（これにより、ユーザは、コネクションを受け入れるためのリスナーだけが必要なサーバを得ることができます）。

ServeRequestsWithgRPC/internal/server/server.go

```go
func NewGRPCServer(config *Config) (*grpc.Server, error) {
    gsrv := grpc.NewServer()
    srv, err := newgrpcServer(config)
    if err != nil {
        return nil, err
    }
    api.RegisterLogServer(gsrv, srv)
    return gsrv, nil
}
```

これで、サービスの作成は完了です。動作確認のためのテストを作成しましょう。

4.7　gRPCサーバとクライアントのテスト

gRPCサーバが完成したので、クライアントとサーバが期待通りに動作することを確認するテストが必要です。ログのライブラリ実装の詳細はすでにライブラリでテストしました。したがって、ここで書くテストは上位レベルのものであり、gRPCとライブラリの間ですべてが正しく接続されているのか、gRPCクライアントとサーバが通信できるのかを確認することに重点を置きます。

[†14]　訳注：2章で定義した`Log`構造体が、このインタフェースを実装しています。

　grpcディレクトリにserver_test.goファイルを作成し、テストの設定を行う次のコードで書き始めます。

ServeRequestsWithgRPC/internal/server/server_test.go

```go
package server

import (
    "context"
    "net"
    "os"
    "testing"

    "github.com/stretchr/testify/require"
    api "github.com/travisjeffery/proglog/api/v1"
    "github.com/travisjeffery/proglog/internal/log"
    "google.golang.org/grpc"
    "google.golang.org/grpc/credentials/insecure"
    "google.golang.org/grpc/status"
)

func TestServer(t *testing.T) {
    for scenario, fn := range map[string]func(
        t *testing.T,
        client api.LogClient,
        config *Config,
    ){
        "produce/consume a message to/from the log succeeeds":
            testProduceConsume,
        "produce/consume stream succeeds":
            testProduceConsumeStream,
        "consume past log boundary fails":
            testConsumePastBoundary,
    } {
        t.Run(scenario, func(t *testing.T) {
            client, config, teardown := setupTest(t, nil)
            defer teardown()
            fn(t, client, config)
        })
    }
}
```

　TestServer(*testing.T)は、テストケースの一覧を定義し、各ケースのサブテストを実行します。TestServerの後に、次のsetupTest(*testing.T, func(*Config))関数を追加します。

ServeRequestsWithgRPC/internal/server/server_test.go

```go
func setupTest(t *testing.T, fn func(*Config)) (
    client api.LogClient,
    cfg *Config,
    teardown func(),
) {
    t.Helper()

    l, err := net.Listen("tcp", ":0")
    require.NoError(t, err)

    clientOptions := []grpc.DialOption{
        grpc.WithTransportCredentials(insecure.NewCredentials())}
    cc, err := grpc.Dial(l.Addr().String(), clientOptions...)
    require.NoError(t, err)

    dir, err := os.MkdirTemp("", "server-test")
    require.NoError(t, err)

    clog, err := log.NewLog(dir, log.Config{})
    require.NoError(t, err)

    cfg = &Config{
        CommitLog: clog,
    }
    if fn != nil {
        fn(cfg)
    }
    server, err := NewGRPCServer(cfg)
    require.NoError(t, err)

    go func() {
        server.Serve(l)
    }()

    client = api.NewLogClient(cc)

    return client, cfg, func() {
        cc.Close()
        server.Stop()
        l.Close()
        clog.Remove()
    }
}
```

setupTest(*testing.T, func(*Config)) は、各テストケースを設定するヘルパー関数です。テストの設定では、まずサーバが動作するローカルネットワークのアドレスに対してリスナーを作成します。指定している0番ポートは、自動的に空きポートを割り当ててくれるので、どの

ポート番号を使うかを気にしない場合に便利です。次に、サーバへの安全ではない（暗号化されていない）コネクションを使うオプションを作成し（grpc.DialOption）、そのオプションで、サーバを呼び出すのに使うクライアントを作成します（grpc.Dial）。次に、サーバを作成し、ゴルーチンでリクエストの処理を開始します。なぜなら、Serveメソッドはブロッキング呼び出し[15]であり、ゴルーチンで実行しなければ、この後のテストが実行されないからです。

　これで、テストケースを書く準備ができました。setupTestの後に、次のコードを追加します。

ServeRequestsWithgRPC/internal/server/server_test.go

```go
func testProduceConsume(t *testing.T, client api.LogClient, config *Config) {
    ctx := context.Background()

    want := &api.Record{
        Value: []byte("hello world"),
    }

    produce, err := client.Produce(
        ctx,
        &api.ProduceRequest{
            Record: want,
        },
    )
    require.NoError(t, err)
    want.Offset = produce.Offset

    consume, err := client.Consume(ctx, &api.ConsumeRequest{
        Offset: produce.Offset,
    })
    require.NoError(t, err)
    require.Equal(t, want.Value, consume.Record.Value)
    require.Equal(t, want.Offset, consume.Record.Offset)
}
```

　testProduceConsume(*testing.T, api.LogClient, *Config)は、クライアントとサーバを使って、ログにレコードを書き込み、それを読み出して、送ったレコードと返されたレコードが同じであることを検査することで、書き込みと読み出しが機能することをテストしています。

　testProduceConsumeの後に、次のテストケースを追加します。

ServeRequestsWithgRPC/internal/server/server_test.go

```go
func testConsumePastBoundary(
    t *testing.T,
    client api.LogClient,
    config *Config,
```

---

[15] 訳注：指定されたリスナー（l）のAcceptメソッドが失敗しない限り、呼び出しもとに戻ってきません。

```
) {
    ctx := context.Background()

    produce, err := client.Produce(ctx, &api.ProduceRequest{
        Record: &api.Record{
            Value: []byte("hello world"),
        },
    })
    require.NoError(t, err)

    consume, err := client.Consume(ctx, &api.ConsumeRequest{
        Offset: produce.Offset + 1,
    })
    if consume != nil {
        t.Fatal("consume not nil")
    }
    got := status.Code(err)
    want := status.Code(api.ErrOffsetOutOfRange{}.GRPCStatus().Err())
    if got != want {
        t.Fatalf("got err: %v, want: %v", got, want)
    }
}
```

testConsumePastBoundary(*testing.T, api.LogClient, *Config)は、クライアントがログの境界を越えて読み出そうとすると、サーバがapi.ErrOffsetOutOfRangeエラーで応答することをテストしています。

もう一つテストケースがあります。ファイルの最後に、次のコードを追加します。

ServeRequestsWithgRPC/internal/server/server_test.go
```go
func testProduceConsumeStream(
    t *testing.T,
    client api.LogClient,
    config *Config,
) {
    ctx := context.Background()

    records := []*api.Record{{
        Value:  []byte("first message"),
        Offset: 0,
    }, {
        Value:  []byte("second message"),
        Offset: 1,
    }}

    {
        stream, err := client.ProduceStream(ctx)
        require.NoError(t, err)
```

```
            for offset, record := range records {
                err = stream.Send(&api.ProduceRequest{
                    Record: record,
                })
                require.NoError(t, err)
                res, err := stream.Recv()
                require.NoError(t, err)
                if res.Offset != uint64(offset) {
                    t.Fatalf(
                        "got offset: %d, want: %d",
                        res.Offset,
                        offset,
                    )
                }
            }
        }

        {
            stream, err := client.ConsumeStream(
                ctx,
                &api.ConsumeRequest{Offset: 0},
            )
            require.NoError(t, err)

            for i, record := range records {
                res, err := stream.Recv()
                require.NoError(t, err)
                require.Equal(t, res.Record, &api.Record{
                    Value:  record.Value,
                    Offset: uint64(i),
                })
            }
        }
    }
}
```

　testProduceConsumeStream(*testing.T, api.LogClient, *Config) は、testProdu
ceConsume のストリーミング版で、ストリームで書き込みと読み出しができることをテスト
しています[16]。

　作成したコードをテストするために、make test を実行してください。テストの出力から、
TestServerのテストが合格しているのが分かります。

　これで、初めてgRPCサービスを書いて、テストしたことになります。

---

[16]　訳注：このテストコードでは、サーバに対するストリームの終わりは、teardown() 呼び出し内での、cc.Close() により行
　　われています。

4.8　学んだこと

protobufでgRPCサービスを定義する方法、gRPCサービスを定義したprotobufをスタブコードへとコンパイルする方法、gRPCサーバを構築する方法、そしてクライアントとサーバ間ですべてが動作することをテストする方法が分かりました。gRPCサーバとクライアントを構築して、ネットワーク経由でログを使うことができます。

次の章では、クライアントとサーバ間で送信されるデータをSSL/TLSで暗号化し、リクエストを認証することで、誰がリクエストを行っているのか、そのリクエストが許可されているのかを知ることができるようにして、サービスの安全性を向上させます。

5章
安全なサービスの構築

　プロジェクトを構築する目的は、問題を解決することです。しかし、その目的に集中するあまり、セキュリティなどの他の要素を無視してしまうことがあります。セキュリティは、とても重要でありながら、無視されやすいことの一つです。

　安全なソリューションを作ることは、セキュリティを考慮せずにソリューションを作ることよりも複雑です。しかし、人々が実際に使うものを作りたいのなら、それは安全でなければなりません。また、完成したプロジェクトにセキュリティを後付けするよりも、最初からセキュリティを組み込むほうがはるかに簡単です。したがって、最初からセキュリティを念頭に置いておく必要があります。この本の例では、単にデータをストリーミングするツールを作りたいのではなく、データを**安全に**ストリーミングするツールを作りたいのです。

　ソフトウェアエンジニアとしてキャリアをスタートしたとき、セキュリティはありがたくない仕事のように思えるかもしれません。正しく行っていれば、誰もそのことに気付きませんし、時には、セキュリティを構築することは怖くて退屈なことでさえもあります。しかし、SaaS（*Software-as-a-Service*）のスタートアップ企業を数社立ち上げた経験から、私は自分のサービスのセキュリティを、そのサービスが解決する問題と同じくらい重要だと考えるようになりました。その理由は次のとおりです。

- セキュリティは、ハッキングからあなたを救います。セキュリティのベストプラクティスに従わないと、ニュースで見るように、侵入や漏洩が驚くほど定期的かつ深刻に発生します。私がサービスを作るときに考えるのは、自分が保護しようとしているデータが世界中に公開されたらどうなるかということです。それを想像することで、そのようなことが自分の身に起こらないようにしようという意欲が湧いてきます。そして、幸いにもまだ起こっていません。
- セキュリティは契約を勝ち取ります。私の経験では、私の手がけたソフトウェアを潜在的な顧客が購入するかどうかの最も重要な要因は、そのソフトウェアが何らかのセキュリティ要件を満たしているかどうかです。
- セキュリティを後から追加するのは大変なことです。多くの人が必要とする基本的なセキュ

リティ機能を欠いた安全ではないサービスに、セキュリティ機能を後から追加するのは大変です。それに対して、最初からセキュリティ機能を構築するのは比較的容易です。

安全なサービスの構築に関する、このような大きな恩恵が私を勇気づけてくれます。では、取り組みましょう。

5.1　安全なサービスのための3ステップ

分散サービスにおけるセキュリティは、3ステップに分けられます。

1. 中間者攻撃から保護するために、通信データの暗号化を行います。
2. クライアントを識別するために、認証（*authenticate*）を行います。
3. 識別されたクライアントの権限を決定するために、認可（*authorize*）を行います。

これらのステップについて詳しく説明し、それらが提供するセキュリティ上のメリットを探り、サービスに組み込むためのコードを書いていきます。

5.1.1　通信データの暗号化

通信データを暗号化することで、中間者（MITM：*man-in-the-middle*）攻撃[1]を防げます。MITM攻撃の例として、攻撃者が二人の被害者とそれぞれ独立したコネクションを確立し、実際には攻撃者によって会話が制御されているにもかかわらず、被害者同士が直接会話しているように見せかける能動的盗聴があります。これは、攻撃者が機密情報を知ることができるだけではなく、被害者間で送信されるメッセージを悪意を持って変更できるため、好ましくありません。たとえば、BobがPayPalを使ってAliceに送金しようとしたところ、Malloryが送金先をAliceの口座から自分の口座に変更してしまうなどです。

暗号の慣用名称

Bob、Alice、Malloryは、暗号について議論するときによく使われる仮の名前です[2]。通常、AliceとBobはメッセージを交換したいと思っていて、Malloryは悪意のある攻撃者です。登場人物は全員、それぞれの役割に合わせて韻を踏んだ名前が付けられています（たとえば、Malloryは悪意（*malicious*）のある攻撃者、Eveは盗聴者（*eavesdropper*）、Craigはパスワードクラッカー（*cracker*）です）。

---

†1　https://ja.wikipedia.org/wiki/中間者攻撃
†2　https://ja.wikipedia.org/wiki/アリスとボブ#キャラクターの一覧

MITM攻撃を防ぎ、通信データを暗号化する技術として最も広く使われているのが、SSL（*Secure Sockets Layer*）の後継であるTLS（*Transport Layer Security*）です。TLSは、以前はオンライン銀行などの「お堅い」ウェブサイトにのみ必要と考えられていましたが、最近ではすべてのサイトがTLSを使うべきとされています[†3]。最近のブラウザは、TLSを使っていないウェブサイトを安全ではないと強調し、ユーザにそのようなウェブサイトを使わないように勧めます。

クライアントとサーバが通信する処理は、TLSハンドシェイクによって開始されます。このハンドシェイクでは、クライアントとサーバは次のことを行います。

1. 使われるTLSのバージョンを指定します。
2. 使われる暗号スイート（*cipher suite*：暗号アルゴリズムの集まり）を決めます。
3. サーバの秘密鍵と認証局のデジタル署名により、サーバの身元を確認（認証）します。
4. ハンドシェイクが完了した後、対称鍵暗号のためのセッションキーを生成します。

このハンドシェイク処理が完了すると、クライアントとサーバは安全に通信できるようになります。

幸いなことに、TLSのライブラリが処理するので、これらのTLSハンドシェイクの手順を実装することについて心配する必要はありません。私たちの仕事は、クライアントとサーバが使う証明書を取得し、その証明書を使ってTLS通信を行うようgRPCに指示することです。

これから、TLSのサポートをサービスに組み込んで、通信データを暗号化し、サーバを認証します。

5.1.2　クライアントを特定するための認証

TLSでクライアントとサーバ間の通信を安全にしたら、安全なサービスを実現するための次のステップは認証です。認証とは、**クライアント**が誰であるかを特定する処理です（TLSはすでにサーバの認証を処理しています）。たとえば、あなたがツイートを投稿するたびに、Twitterは、あなたのアカウントにツイートを投稿しようとしている人があなたであることを確認する必要があります。

ほとんどのウェブサービスでは、TLSを使って一方向認証を行い、サーバの認証のみを行います。クライアントの認証はアプリケーションに任されており、通常はユーザ名とパスワードの認証とトークンの組み合わせで行われます。TLSの相互認証は、一般的に双方向認証とも呼ばれ、サーバとクライアントの両方が相手の通信を検証するものであり、分散システムのようなマシン間の通信でよく使われます。この設定では、サーバとクライアントの両方が、自分の身元を証明するために証明書を使います。

相互TLS認証は、効果的で比較的簡単であり、（利用者数やそれをサポートする技術の数の点で）

広く採用されているため、多くの企業が社内の分散サービス間の通信を安全にするために利用しています[†4]。このように多くの人が相互TLS認証を利用しているため、（私たちのような）新たなサービスが相互TLS認証をサポートすることは重要です。したがって、私たちのサービスに相互TLS認証を組み込みます。

5.1.3　クライアントの権限を決定するための認可

認証と認可は密接に関連しているため、しばしば「auth」という言葉を使って両方を指すことがあります。認証と認可は、リクエストのライフサイクルにおいてもサーバのコード内においても、ほとんどの場合、同時に行われます。実際、リソースの所有者が一人である多くのウェブサービスでは、認証と認可は同じ処理です。たとえば、Twitterのアカウントの所有者は一人です。クライアントがその所有者として認証された場合、Twitterはそのアカウントでやれることをさせてくれます。

さまざまなレベルの所有者とアクセスを共有しているリソースを持っている場合、認証と認可を区別することが必要です。たとえば、ログサービスの場合、Aliceは所有者であり、ログの内容の書き込みと読み出しの両方のアクセス権を持っているかもしれません。一方でBobは、読み出しは許可されているが書き込みはできないかもしれません。このような状況では、きめ細かなアクセスコントロールができる認可が必要です。

私たちのサービスでは、アクセス・コントロール・リスト（ACL：*Access Control List*）に基づく認可を構築し、クライアントのログの書き込みや読み出し（またはその両方）を許可するかどうかを制御します。

分散システムの安全性を確保するための三つの重要な点を大まかに理解したので、それをサービスに実装してみましょう。

5.2　TLSによるサーバの認証

TLSの仕組みやそれを使う理由を理解しました。したがって、通信データを暗号化し、サーバを認証するために、サービスにTLSのサポートを組み込む準備ができました。では、証明書の取得や取り扱いを容易にする方法について説明します。

5.2.1　CFSSLで独自のCAとして運用

サーバのコードを変更する前に、証明書を取得します。第三者機関のCA（*Certification Authority*：認証局）を使って証明書を取得することもできますが、（CAによりますが）費用がかかりますし、手間もかかります。私たちのような社内サービスでは、第三者機関を経由する必要はありません。信頼できる証明書は、ComodoやLet's EncryptなどのCAから発行される必要はなく、自分で運営

---

†4　https://blog.cloudflare.com/how-to-build-your-own-public-key-infrastructure

するCAから発行できます。適切なツールがあれば、無料で簡単に利用できます。

CloudFlare[5]は、TLS証明書を署名、検証、バンドルするためのCFSSLというツールキットを開発しました。CloudFlareは内部サービスのTLS証明書にCFSSLを使っており、自社の認証局として機能しています。CloudFlareはCFSSLをオープンソース化しており、私たちを含めた他の企業も利用できます。Let's Encryptのような主要なCAベンダーもCFSSLを使っています。CFSSLは便利なツールキットなので、CloudFlareには感謝しています。

CFSSLには、私たちが必要とする二つのツールがあります。

- `cfssl`は、TLS証明書の署名、検証、バンドルを行い、結果をJSONとして出力します。
- `cfssljson`は、JSON出力を受け取り、鍵、証明書、CSR、バンドルのファイルに分割します。

次のコマンドを実行して、CloudFlare CLIをインストールします。

```
$ go install github.com/cloudflare/cfssl/cmd/cfssl@v1.6.1
$ go install github.com/cloudflare/cfssl/cmd/cfssljson@v1.6.1
```

CAを初期化し、証明書を生成するには、実行する`cfssl`コマンドにさまざまな設定ファイルを渡す必要があります。CAとサーバの証明書を生成するには別々の設定ファイルが必要で、CAに関する一般的な設定情報を含む設定ファイルも必要です。そこで、`mkdir test`を実行して、これらの設定ファイルを格納するディレクトリをプロジェクト内に作成します。

次のJSONを、`test`ディレクトリ内の`ca-csr.json`というファイルに書きます。

```
SecureYourServices/test/ca-csr.json
{
    "CN": "My Awesome CA",
    "key": {
        "algo": "rsa",
        "size": 2048
    },
    "names": [
        {
            "C": "CA",
            "L": "ON",
            "ST": "Toronto",
            "O": "My Awesome Company",
            "OU": "CA Services"
        }
    ]
}
```

---

[5] https://www.cloudflare.com

cfsslは、このファイルを使ってCAの証明書を設定します。CNは*Common Name*の略で、私たちのCAを My Awesome CA と呼んでいます。keyは、証明書に署名するためのアルゴリズムと鍵のサイズを指定します。namesは、証明書に追加されるさまざまな名前情報のリストです。各名前オブジェクトには、少なくとも一つのC、L、ST、O、OUの値（あるいは、これらの組み合わせ）を含める必要があります。それらは、次のことを表します。

- C：国（*country*）
- L：地域（*locality*）や自治体（市など）
- ST：州（*state*）や県
- O：組織（*organization*）
- OU：組織単位（*organizational unit*、鍵の所有権を持つ部署など）

CAのポリシーを定義するために、次の内容のtest/ca-config.jsonを作成します。

SecureYourServices/test/ca-config.json

```
{
    "signing": {
        "profiles": {
            "server": {
                "expiry": "8760h",
                "usages": [
                    "signing",
                    "key encipherment",
                    "server auth"
                ]
            },
            "client": {
                "expiry": "8760h",
                "usages": [
                    "signing",
                    "key encipherment",
                    "client auth"
                ]
            }
        }
    }
}
```

　CAはどのような種類の証明書を発行するのかを知る必要があります。この設定ファイルのsigningセクションでは、CAの署名ポリシーを定義します。この設定ファイルでは、CAは1年後に失効するクライアント証明書とサーバ証明書を生成でき、その証明書はデジタル署名、暗号化鍵、認証に使えるとしています。

testディレクトリにserver-csr.jsonというファイルを作成し、次の内容のJSONを書きます。

SecureYourServices/test/server-csr.json

```
{
    "CN": "127.0.0.1",
    "hosts": [
        "localhost",
        "127.0.0.1"
    ],
    "key": {
        "algo": "rsa",
        "size": 2048
    },
    "names": [
        {
            "C": "CA",
            "L": "ON",
            "ST": "Toronto",
            "O": "My Awesome Company",
            "OU": "Distributed Services"
        }
    ]
}
```

cfsslはこれらの設定を使ってサーバの証明書を設定します。hostsフィールドは、証明書が有効なドメイン名の一覧です。サービスをローカルで実行するので、127.0.0.1とlocalhostだけが必要です。

では、Makefileを更新して、実際に証明書を生成するために、cfsslとcfssljsonを呼び出すようにします。プロジェクトのMakefileを以下のように修正します。

SecureYourServices/Makefile

```
CONFIG_PATH=${HOME}/.proglog/

.PHONY: init
init:
	mkdir -p ${CONFIG_PATH}

.PHONY: gencert
gencert:
	cfssl gencert \
		-initca test/ca-csr.json | cfssljson -bare ca

	cfssl gencert \
		-ca=ca.pem \
		-ca-key=ca-key.pem \
```

```
            -config=test/ca-config.json \
            -profile=server \
            test/server-csr.json | cfssljson -bare server
        mv *.pem *.csr ${CONFIG_PATH}

.PHONY: test
test:
        go test -race ./...

.PHONY: compile
compile:
        protoc api/v1/*.proto \
            --go_out=. \
            --go-grpc_out=. \
            --go_opt=paths=source_relative \
            --go-grpc_opt=paths=source_relative \
            --proto_path=.
```

　この更新されたMakefileでは、生成された証明書を置く場所を指定するCONFIG_PATH変数と、
そのディレクトリを作成するinitターゲットを追加しました。証明書関連のファイルがファイル
システム上の決まった既知の場所にあれば、コード内で証明書を検索して使うことが容易になりま
す。gencertターゲットはcfsslを呼び出し、先に追加した設定ファイルを使ってCAとサーバの
証明書と秘密鍵を生成します[†6]。

　テストではこれらのファイルを頻繁に参照するので、簡単に参照できるように、ファイルパス
を変数として含むパッケージを作ります。internal/configディレクトリを作成し、files.go
ファイルを作成して、次のコードを書きます。

SecureYourServices/internal/config/files.go

```
package config

import (
    "os"
    "path/filepath"
)

var (
    CAFile         = configFile("ca.pem")
    ServerCertFile = configFile("server.pem")
    ServerKeyFile  = configFile("server-key.pem")
)

func configFile(filename string) string {
    if dir := os.Getenv("CONFIG_DIR"); dir != "" {
        return filepath.Join(dir, filename)
```

[†6]　訳注：この時点で、make init と make gencert を実行しておきます。

```
    }
    homeDir, err := os.UserHomeDir()
    if err != nil {
        panic(err)
    }
    return filepath.Join(homeDir, ".proglog", filename)
}
```

　ここで宣言されている変数は、私たちが生成した証明書のパスを定義しています。証明書は、テストのために検索して解析する必要があります。もしGoが関数呼び出しの戻り値をconst宣言で使えるのなら、私は定数とconst予約語を使ったことでしょう。

　証明書と鍵のファイルを使って*tls.Configを構築するので、そのためのヘルパー関数と構造体を追加します。configディレクトリにtls.goというファイルを作成して、次のコードを書きます。

SecureYourServices/internal/config/tls.go

```go
package config

import (
    "crypto/tls"
    "crypto/x509"
    "fmt"
    "os"
)

func SetupTLSConfig(cfg TLSConfig) (*tls.Config, error) {
    var err error
    tlsConfig := &tls.Config{MinVersion: tls.VersionTLS13}
    if cfg.CertFile != "" && cfg.KeyFile != "" {
        tlsConfig.Certificates = make([]tls.Certificate, 1)
        tlsConfig.Certificates[0], err = tls.LoadX509KeyPair(
            cfg.CertFile,
            cfg.KeyFile,
        )
        if err != nil {
            return nil, err
        }
    }
    if cfg.CAFile != "" {
        b, err := os.ReadFile(cfg.CAFile)
        if err != nil {
            return nil, err
        }
        ca := x509.NewCertPool()
        ok := ca.AppendCertsFromPEM([]byte(b))
        if !ok {
            return nil, fmt.Errorf(
```

```
            "failed to parse root certificate: %q",
            cfg.CAFile,
        )
    }
    if cfg.Server {
        tlsConfig.ClientCAs = ca
        tlsConfig.ClientAuth = tls.RequireAndVerifyClientCert
    } else {
        tlsConfig.RootCAs = ca
    }
    tlsConfig.ServerName = cfg.ServerAddress
}
return tlsConfig, nil
}
```

　テストでは、いくつかの異なる*tls.Config設定を使います。そして、SetupTLSConfig関数を使うと、一つの関数呼び出しで各種の*tls.Configを取得できます。次の異なる設定が行われます。

- クライアントの*tls.Configには、RootCAsを設定することで、サーバの証明書とクライアントの証明書を検証できるように設定されます。
- クライアントの*tls.Configには、RootCAsとCertificatesを設定することで、サーバの証明書を検証し、サーバがクライアントの証明書を検証できるように設定されます。
- サーバの*tls.Configには、ClientCAsとCertificatesを設定して、ClientAuthモードをtls.RequireAndVerifyCertに設定することで、クライアントの証明書を検証し、クライアントがサーバの証明書を検証できるように設定されます。

SetupTLSConfigの後に、次の構造体を追加します。

SecureYourServices/internal/config/tls.go
```
type TLSConfig struct {
    CertFile      string
    KeyFile       string
    CAFile        string
    ServerAddress string
    Server        bool
}
```

　TLSConfigは、SetupTLSConfigがどの種別の*tls.Configを返すかを決めるために使うパラメータを定義しています。

　テストに戻ります。クライアントがサーバの証明書を確認するのに、私たちのCAを使うことをテストしてみましょう。サーバの証明書が別の機関から発行されたものなら、クライアントはサー

バを信頼できず、接続できません。setup_test.goに、次のインポートを追加します。

SecureYourServices/internal/server/server_test.go

```
"github.com/travisjeffery/proglog/internal/config"
"google.golang.org/grpc/credentials"
```

ここで、既存のsetupTest関数のコードを、次のコードで置き換えます。

SecureYourServices/internal/server/server_test.go

```
t.Helper()

l, err := net.Listen("tcp", "127.0.0.1:0")
require.NoError(t, err)

clientTLSConfig, err := config.SetupTLSConfig(config.TLSConfig{
    CAFile: config.CAFile,
})
require.NoError(t, err)

clientCreds := credentials.NewTLS(clientTLSConfig)
cc, err := grpc.Dial(
    l.Addr().String(),
    grpc.WithTransportCredentials(clientCreds),
)
require.NoError(t, err)

client = api.NewLogClient(cc)
```

このコードでは、クライアントのTLS認証情報に、クライアントのRoot CA（サーバを確認するために使うCA）として私たちのCAを使うように設定しています。そして、その認証情報をクライアントの接続に使うように設定します。

次に、サーバに証明書を設定し、TLS接続を扱えるようにします。前述のコードの後に、次のコードを追加します。

SecureYourServices/internal/server/server_test.go

```
serverTLSConfig, err := config.SetupTLSConfig(config.TLSConfig{
    CertFile:      config.ServerCertFile,
    KeyFile:       config.ServerKeyFile,
    CAFile:        config.CAFile,
    ServerAddress: l.Addr().String(),
})
require.NoError(t, err)
serverCreds := credentials.NewTLS(serverTLSConfig)

dir, err := os.MkdirTemp("", "server-test")
```

```
    require.NoError(t, err)

    clog, err := log.NewLog(dir, log.Config{})
    require.NoError(t, err)

    cfg = &Config{
        CommitLog: clog,
    }
    if fn != nil {
        fn(cfg)
    }
    server, err := NewGRPCServer(cfg, grpc.Creds(serverCreds))
    require.NoError(t, err)

    go func() {
        server.Serve(l)
    }()

    return client, cfg, func() {
        cc.Close()
        server.Stop()
        l.Close()
    }
```

　このコードでは、サーバの証明書と鍵を解析し、それを使ってサーバのTLS認証情報を設定します。この認証情報をgRPCのサーバオプション[†7]としてNewGRPCServer関数に渡し、そのサーバオプションでgRPCサーバを作成できるようにします。gRPCのサーバオプションは、gRPCサーバの機能を有効にするためのものです。今回はサーバコネクションの認証情報を設定していますが、他にもコネクションのタイムアウトやキープアライブのポリシーなどを設定できるサーバオプションがたくさんあります。

　最後に、server.go内のNewGRPCServer関数を更新して、与えられたgRPCサーバのオプションを受け取り、それを使ってサーバを作成する必要があります。NewGRPCServer関数を、次のように変更します。

SecureYourServices/internal/server/server.go
```
func NewGRPCServer(config *Config, grpcOpts ...grpc.ServerOption) (
    *grpc.Server,
    error,
) {
    gsrv := grpc.NewServer(grpcOpts...)
    srv, err := newgrpcServer(config)
    if err != nil {
        return nil, err
```

---

†7　https://godoc.org/google.golang.org/grpc#ServerOption

```
    }
    api.RegisterLogServer(gsrv, srv)
    return gsrv, nil
}
```

　この時点で、make testでテストを実行できます。そして、前と同じようにテストが合格
するはずです。前と違うのは、サーバが認証され、コネクションが暗号化されていることで
す。そのことを確認するには、テストコードを一時的に grpc.WithTransportCredentials
(insecure.NewCredentials())ダイヤルオプションを使って安全ではないクライアントコネク
ションを使うように変更して、テストを再び実行します。今度はテストが失敗します。なぜなら、
サーバはクライアントがTLSで実行されることを期待しているため、クライアントとサーバは互い
に接続できないからです。

　サーバは認証されているので、クライアントが通信しているのは、中間者のサーバではなく、実
際のサーバであることが分かります。次に、相互TLS認証を使って、サーバにアクセスしているク
ライアントが、本物のクライアントであることを確認します。

5.3　相互TLS認証によるクライアントの認証

　前の節では、TLSを使って接続を暗号化し、サーバを認証しました。ここではさらに一歩進ん
で、相互TLS認証（双方向認証とも呼ばれる）を実装します。したがって、サーバはクライアント
が本物であることを確認するために、私たちのCAを使います。

　まず必要なのはクライアントの証明書です。それは CA やサーバの証明書と同様に cfssl と
cfssljson で生成できます。test ディレクトリに client-csr.json というファイルを作成し、
次のJSONを書きます。

SecureYourServices/test/client-csr.json

```
{
    "CN": "client",
    "hosts": [""],
    "key": {
        "algo": "rsa",
        "size": 2048
    },
    "names": [
        {
            "C": "CA",
            "L": "ON",
            "ST": "Toronto",
            "O": "My Company",
            "OU": "Distributed Services"
        }
    ]
```

```
}
```

CNフィールドが重要な設定です。なぜなら、これがクライアントのID（ある意味ではユーザ名）となるからです。これは、認証のために、クライアントのパーミッションを保存するためのIDです（パーミンションの保存は次の節で行います）。

　次に、Makefileのgencertターゲットを更新して、次の内容を含めます。サーバ証明書を生成する行のすぐ後に、書いてください。

SecureYourServices/Makefile

```
cfssl gencert \
    -ca=ca.pem \
    -ca-key=ca-key.pem \
    -config=test/ca-config.json \
    -profile=client \
    test/client-csr.json | cfssljson -bare client
```

書き終えたら、make gencertを実行して、クライアント用の証明書を生成します。

　クライアント証明書用の設定ファイルの変数をinternal/config/files.goに追加します（矢印の行）。

SecureYourServices/internal/config/files.go

```
var (
    CAFile          = configFile("ca.pem")
    ServerCertFile  = configFile("server.pem")
    ServerKeyFile   = configFile("server-key.pem")
    ClientCertFile  = configFile("client.pem")      ◀
    ClientKeyFile   = configFile("client-key.pem")  ◀
)
```

　次に、クライアントがサーバに送信した証明書が、私たちのCAによって署名されていることを確認するために、サーバを修正する必要があります。次のように、server_test.go内のsetupTest関数でのサーバの設定を修正します（矢印の行）。

SecureYourServices/internal/server/server_test.go

```
clientTLSConfig, err := config.SetupTLSConfig(config.TLSConfig{
    CertFile: config.ClientCertFile,  ◀
    KeyFile:  config.ClientKeyFile,   ◀
    CAFile: config.CAFile,
})
require.NoError(t, err)

clientCreds := credentials.NewTLS(clientTLSConfig)
cc, err := grpc.Dial(
    l.Addr().String(),
```

```
    grpc.WithTransportCredentials(clientCreds),
)
require.NoError(t, err)

client = api.NewLogClient(cc)

serverTLSConfig, err := config.SetupTLSConfig(config.TLSConfig{
    CertFile:      config.ServerCertFile,
    KeyFile:       config.ServerKeyFile,
    CAFile:        config.CAFile,
    ServerAddress: l.Addr().String(),
    Server: true, ◀
})
```

　再びテストを実行してください。有効な証明書を使っており、テストはクライアントが本物であることを期待しているので、テストは合格します。面白い練習として、クライアントが使う証明書を別のCAから作成し、テストが失敗することを確認してみてください（このようなことを楽しいと思うのは私だけかもしれませんが）。

　これで、サーバとクライアントは相互TLS認証を行い、双方がCAの認証を受けていることを確認できます。したがって、中間者に盗聴されずに、本物のクライアントがサーバと通信していることを知ることができます。これでセキュリティは万全です。

5.4　アクセス・コントロール・リストによる認可

　認証は通常、auth処理に必要なことの半分です。クライアントの背後に誰がいるのかを知るために**認証**を行い、その人が行おうとしていることを**認可**することで、認証処理を完了できます。前述したように、認可とは、ある人が何にアクセスできるかを確認する処理です。

　認可を実装する最も簡単な方法は、アクセス・コントロール・リスト（ACL：*Access Control List*）[8]です。ACLとは、「サブジェクト（*subject*）Aは、オブジェクト（*object*）Cに対してアクション（*action*）Bを行うことが許可されている」と各行に書かれた規則のテーブルです。たとえば、「Aliceは、『Go言語による分散サービス』を読むことが許可されている」です。ここで、Aliceがサブジェクトで、「読むこと」がアクションで、『Go言語による分散サービス』がオブジェクトです。

　ACLの優れた点の一つは、簡単に構築できることです。ACLは単なるテーブルなので、マップやCSVファイルのような単純なものでデータをバックアップできます。複雑な実装では、キー・バリュー・ストア（*key-value store*）やリレーショナルデータベースにデータを保存します。ACLライブラリを一から作るのは難しくありませんが、Casbin[9]という素敵なライブラリがあり、ACL

---

[8]　https://en.wikipedia.org/wiki/Access_control_list
[9]　https://github.com/casbin/casbin

を含むさまざまな制御モデル[†10]に基づく認可の実施をサポートしています。さらに、Casbin は広く採用され、テストされ、拡張可能です。Casbin はあなたの道具箱に入れておくと便利なツールなので、使い方と活用方法を学びましょう。

まず、プロジェクトのルートで次のコマンドを実行して、Casbin への依存関係を追加します。

```
$ go get github.com/casbin/casbin@v1.9.1
```

Casbin を独自の内部ライブラリ内に隠蔽します。そうすることで、後で他の認可ツールを使う場合でも、プロジェクト全体のコードを変更する必要はなく、ライブラリのコードだけを変更すればよくなります。次のコマンドを実行して、internal ディレクトリの下に auth ディレクトリを作成します。

```
$ mkdir internal/auth
```

次に、そのディレクトリに authorizer.go というファイルを作成し、次のコードを書きます。

```
SecureYourServices/internal/auth/authorizer.go
package auth

import (
    "fmt"

    "github.com/casbin/casbin"
    "google.golang.org/grpc/codes"
    "google.golang.org/grpc/status"
)

func New(model, policy string) *Authorizer {
    enforcer := casbin.NewEnforcer(model, policy)
    return &Authorizer{
        enforcer: enforcer,
    }
}

type Authorizer struct {
    enforcer *casbin.Enforcer
}

func (a *Authorizer) Authorize(subject, object, action string) error {
    if !a.enforcer.Enforce(subject, object, action) {
        msg := fmt.Sprintf(
            "%s not permitted to %s to %s",
            subject,
            action,
```

[†10] https://github.com/casbin/casbin#supported-models

```
            object,
        )
        st := status.New(codes.PermissionDenied, msg)
        return st.Err()
    }
    return nil
}
```

このコードでは、`Authorizer`型を定義しており、その唯一のメソッドである`Authorize`メソッドが`Casbin`の`Enforce`メソッドにその処理を任せています。その関数は、`Casbin`で設定したモデルとポリシーに基づいて、指定されたオブジェクトに対して指定されたサブジェクトが指定されたアクションの実行を許可されているかどうかを返します。`New`関数の`model`と`policy`の引数は、モデル（`Casbin`の認可機構を構成するもので、ここではACLとします）とポリシー（ACLテーブルを含むCSVファイル）を定義したファイルへのパスです。

　認可のテストを行うので、異なるパーミッションを持つ複数のクライアントが必要です。そのためには、複数のクライアントの証明書が必要となります。異なるパーミッションを持つ複数のクライアントを準備することで、ACLで定義されたルールに基づいてサーバがクライアントのリクエストを許可するか拒否するか検査できます。そのために、複数のクライアントの証明書を生成するように、Makefileの証明書生成コードを変更します。Makefileの`gencert`ターゲットで、クライアントの証明書を生成している箇所を次のように書き換えます。

SecureYourServices/Makefile

```
cfssl gencert \
    -ca=ca.pem \
    -ca-key=ca-key.pem \
    -config=test/ca-config.json \
    -profile=client \
    -cn="root" \
    test/client-csr.json | cfssljson -bare root-client

cfssl gencert \
    -ca=ca.pem \
    -ca-key=ca-key.pem \
    -config=test/ca-config.json \
    -profile=client \
    -cn="nobody" \
    test/client-csr.json | cfssljson -bare nobody-client
```

　修正後に、`make gencert`を実行して、証明書を生成します。

　では、認可をテストするためにサーバのテストを更新して、テストが失敗することを確認しましょう（サーバは、まだ認可をサポートしていないのでテストは失敗します）。後で、サーバに認可機能を実装したときにテストが合格すれば、サーバに認可機能が実装されたことが分かります。

　最初に、テストのクライアント設定を更新して、認可設定のテストに使える二つのクライアント

を作成します。二つのクライアントを作成するので、server_test.go内のsetupTest関数の戻り値を次のように更新します（矢印の行）。

SecureYourServices/internal/server/server_test.go

```go
func setupTest(t *testing.T, fn func(*Config)) (
    rootClient api.LogClient,       ◀
    nobodyClient api.LogClient,     ◀
    cfg *Config,
    teardown func(),
) {
```

setupTest関数内のクライアントの設定を、次のように更新してください。

SecureYourServices/internal/server/server_test.go

```go
    newClient := func(crtPath, keyPath string) (
        *grpc.ClientConn,
        api.LogClient,
        []grpc.DialOption,
    ) {
        tlsConfig, err := config.SetupTLSConfig(config.TLSConfig{
            CertFile: crtPath,
            KeyFile:  keyPath,
            CAFile:   config.CAFile,
            Server:   false,
        })
        require.NoError(t, err)
        tlsCreds := credentials.NewTLS(tlsConfig)
        opts := []grpc.DialOption{grpc.WithTransportCredentials(tlsCreds)}
        conn, err := grpc.Dial(l.Addr().String(), opts...)
        require.NoError(t, err)
        client := api.NewLogClient(conn)
        return conn, client, opts
    }

    var rootConn *grpc.ClientConn
    rootConn, rootClient, _ = newClient(
        config.RootClientCertFile,
        config.RootClientKeyFile,
    )

    var nobodyConn *grpc.ClientConn
    nobodyConn, nobodyClient, _ = newClient(
        config.NobodyClientCertFile,
        config.NobodyClientKeyFile,
    )
```

クライアントの接続をクローズするためのteardown関数を、次のように更新します。

SecureYourServices/internal/server/server_test.go

```go
        return rootClient, nobodyClient, cfg, func() {
            rootConn.Close()
            nobodyConn.Close()
            server.Stop()
            l.Close()
        }
```

　更新したテストでは、二つのクライアントを作成しています。書き込みと読み出しを許可され
たrootというスーパーユーザ[†11]クライアントと、何も許可されていないnobody[†12]クライアント
です。どちらのクライアントも（設定する証明書と鍵は別として）作成するコードは同じなので、
クライアント作成コードを newClient(crtPath, keyPath string) というヘルパー関数にリ
ファクタリングしました。このとき、サーバは認可処理を委ねるAuthorizerインスタンスを受け
取ります。また、テスト関数にはrootとnobodyの両方のクライアントを渡しています。これによ
り、認可されたクライアントと認可されていないクライアントのどちらでサーバが動作するのかを
テストする場合、必要なクライアントを使うことができます。この最後の変更により、既存のテス
トにも変更を行う必要があるので、既存のテストを修正します。

　テスト関数が不正なクライアントを受け取るように、TestServer関数を次のように変更します
（矢印の行）。

SecureYourServices/internal/server/server_test.go

```go
    func TestServer(t *testing.T) {
        for scenario, fn := range map[string]func(
            t *testing.T,                      ◀
            rootClient api.LogClient,          ◀
            nobodyClient api.LogClient,        ◀
            config *Config,                    ◀
        ){
            // ...
        } {
            t.Run(scenario, func(t *testing.T) {      ◀
                rootClient,                            ◀
                    nobodyClient,                      ◀
                    config,                            ◀
                    teardown := setupTest(t, nil)      ◀
                defer teardown()                       ◀
                fn(t, rootClient, nobodyClient, config) ◀
            })
        }
    }
```

---

†11　https://ja.wikipedia.org/wiki/スーパーユーザー
†12　https://en.wikipedia.org/wiki/Nobody_(username)

既存のテストを二つ目のクライアントに対応させる必要があります。そのためには、テスト関数の引数を以下のように変更します。

```
t *testing.T, client, _ api.LogClient, cfg *Config
```

また、nobodyのクライアントの証明書と鍵、Casbin用の設定ファイルの場所を指定するために、さらに変数を追加する必要があります。そこで、それらの変数を internal/config/files.go の var 宣言に追加します（矢印の行）。

SecureYourServices/internal/config/files.go

```
var (
    CAFile                = configFile("ca.pem")
    ServerCertFile        = configFile("server.pem")
    ServerKeyFile         = configFile("server-key.pem")
    RootClientCertFile    = configFile("root-client.pem")        ◄
    RootClientKeyFile     = configFile("root-client-key.pem")    ◄
    NobodyClientCertFile  = configFile("nobody-client.pem")      ◄
    NobodyClientKeyFile   = configFile("nobody-client-key.pem")  ◄
    ACLModelFile          = configFile("model.conf")             ◄
    ACLPolicyFile         = configFile("policy.csv")             ◄
)
```

ACLポリシーは具体的であり、テスト全体で使われるので、Casbinの設定もtestディレクトリに置くことにします。testディレクトリの中に、model.confというファイルを作成し、次の設定を書きます。

SecureYourServices/test/model.conf

```
[request_definition]
r = sub, obj, act

[policy_definition]
p = sub, obj, act

[policy_effect]
e = some(where (p.eft == allow))

[matchers]
m = r.sub == p.sub && r.obj == p.obj && r.act == p.act
```

これは、Casbinの認可機構としてACLを使うように設定しています。

model.confファイルと一緒に、次の内容を含むpolicy.csvファイルを追加します。

SecureYourServices/test/policy.csv

```
p, root, *, produce
p, root, *, consume
```

これがACLテーブルです。二つのエントリがあり、rootクライアントが*オブジェクト（ここ
ではワイルドカードとして使っており、これはあらゆるオブジェクトを意味します）に対して
produceとconsumeのパーミッションを持っていることを示しています。nobodyを含め他のすべ
てのクライアントは拒否されます。

　ここで、ポリシーファイルとモデルファイルをCONFIG_PATHにインストールして、テストがそ
れらを見つけられるようにする必要があります。Makefileのtestターゲットを次のように更新
します。

SecureYourServices/Makefile

```
$(CONFIG_PATH)/model.conf:
    cp test/model.conf $(CONFIG_PATH)/model.conf

$(CONFIG_PATH)/policy.csv:
    cp test/policy.csv $(CONFIG_PATH)/policy.csv

.PHONY: test
test: $(CONFIG_PATH)/policy.csv $(CONFIG_PATH)/model.conf
    go test -race ./...
```

　これでテストが再び実行可能な状態になったので、 make testを実行して合格することを確認
できます。テストが合格するのは、既存のテストでは書き込みと読み出しが認可されているrootク
ライアントを使っているのと、クライアントが認可されていると仮定しているためです。

　何も操作が許されていないクライアントが拒否されることを確認するテストを追加してみましょ
う。server_test.goで、次のパッケージをインポートします。

SecureYourServices/internal/server/server_test.go

```
    "google.golang.org/grpc/codes"
    "google.golang.org/grpc/status"
```

　前の章で追加したtestProduceConsumeStreamテストの後に、次のtestUnauthorizedテス
トを追加します。

SecureYourServices/internal/server/server_test.go

```
func testUnauthorized(
    t *testing.T,
    _,
    client api.LogClient,
    config *Config,
```

```
    ) {
        ctx := context.Background()
        produce, err := client.Produce(ctx,
            &api.ProduceRequest{
                Record: &api.Record{
                    Value: []byte("hello world"),
                },
            },
        )
        if produce != nil {
            t.Fatalf("produce response should be nil")
        }
        gotCode, wantCode := status.Code(err), codes.PermissionDenied
        if gotCode != wantCode {
            t.Fatalf("got code: %d, want: %d", gotCode, wantCode)
        }
        consume, err := client.Consume(ctx, &api.ConsumeRequest{
            Offset: 0,
        })
        if consume != nil {
            t.Fatalf("consume response should be nil")
        }
        gotCode, wantCode = status.Code(err), codes.PermissionDenied
        if gotCode != wantCode {
            t.Fatalf("got code: %d, want: %d", gotCode, wantCode)
        }
    }
```

　このテストでは、何もすることが許されていないnobodyクライアントを使っています。合格し
たテストケースで行ったように、このクライアントを使って書き込みと読み出しを行っています。
このクライアントは何も認可されないはずなので、サーバにクライアントを拒否させたいわけで
す。拒否されることを、返されたエラーのコードで確認しています。

　TestServer(*testing.T)のテストテーブルを更新して、私たちの未認可のテストを含めるた
めに、次の矢印の行を追加します。

SecureYourServices/internal/server/server_test.go

```
"produce/consume a message to/from the log succeeeds": testProduceConsume,
"produce/consume stream succeeds":                     testProduceConsumeStream,
"consume past log boundary fails":                     testConsumePastBoundary,
"unauthorized fails":                                  testUnauthorized, ◀
```

　make testでテストを実行すると、失敗します。なぜなら、認可をまだ組み込んでいないので、
サーバはすべてのクライアントにすべての操作を許可しているからです。ここでサーバに認可を追
加してみましょう。

　server.go内のimportを次のように更新します。

SecureYourServices/internal/server/server.go

```
import (
    "context"

    api "github.com/travisjeffery/proglog/api/v1"

    grpc_middleware "github.com/grpc-ecosystem/go-grpc-middleware"
    grpc_auth "github.com/grpc-ecosystem/go-grpc-middleware/auth"
    "google.golang.org/grpc"
    "google.golang.org/grpc/credentials"
    "google.golang.org/grpc/codes"
    "google.golang.org/grpc/peer"
    "google.golang.org/grpc/status"
)
```

　次に、Config構造体に認可用のAuthorizerフィールドを追加します。それと、認可に使う定数も追加します。

SecureYourServices/internal/server/server.go

```
type Config struct {
    CommitLog   CommitLog
    Authorizer  Authorizer
}

const (
    objectWildcard = "*"
    produceAction  = "produce"
    consumeAction  = "consume"
)
```

　この定数はACLポリシーテーブルの値と一致しており、このファイルの中で何度か参照するので、定数としています。ConfigのAuthorizerフィールドは定義する必要のあるインタフェースで、CommitLogインタフェース定義の後に、次のコードを追加します。

SecureYourServices/internal/server/server.go

```
type Authorizer interface {
    Authorize(subject, object, action string) error
}
```

　認可の実装を切り替えられるように、Authorizerインタフェースに依存しています。「4.5.2 インタフェースによる依存性逆転」（70ページ）のCommitLogと同じです。Produceメソッドに、次の矢印の行を追加して更新します。

SecureYourServices/internal/server/server.go

```go
func (s *grpcServer) Produce(ctx context.Context, req *api.ProduceRequest) (
    *api.ProduceResponse, error) {
    if err := s.Authorizer.Authorize(    ◄
        subject(ctx),                     ◄
        objectWildcard,                   ◄
        produceAction,                    ◄
    ); err != nil {                       ◄
        return nil, err                   ◄
    }                                     ◄
    offset, err := s.CommitLog.Append(req.Record)
    if err != nil {
        return nil, err
    }
    return &api.ProduceResponse{Offset: offset}, nil
}
```

Consume メソッドにも同様の変更を行い、次のように修正します。

SecureYourServices/internal/server/server.go

```go
func (s *grpcServer) Consume(ctx context.Context, req *api.ConsumeRequest) (
    *api.ConsumeResponse, error) {
    if err := s.Authorizer.Authorize(    ◄
        subject(ctx),                     ◄
        objectWildcard,                   ◄
        consumeAction,                    ◄
    ); err != nil {                       ◄
        return nil, err                   ◄
    }                                     ◄
    record, err := s.CommitLog.Read(req.Offset)
    if err != nil {
        return nil, err
    }
    return &api.ConsumeResponse{Record: record}, nil
}
```

　ここで、サーバは、クライアント（証明書のサブジェクトで識別される）が書き込みと読み出しを行う権限を持っているのかを検査します。権限がない場合、権限がないことを示すエラーをクライアントに返します。書き込みの際に、クライアントが認可されていれば、メソッドは続行し、与えられたレコードをログに追加します。また、読み出しの際に、クライアントが認可されていれば、メソッドはログからレコードを読み出します。二つのヘルパー関数を使って、クライアントの証明書からサブジェクトを取り出します。次のコードを server.go の最後に追加します。

SecureYourServices/internal/server/server.go

```go
func authenticate(ctx context.Context) (context.Context, error) {
    peer, ok := peer.FromContext(ctx)
    if !ok {
        return ctx, status.New(
            codes.Unknown,
            "couldn't find peer info",
        ).Err()
    }

    if peer.AuthInfo == nil {
        return context.WithValue(ctx, subjectContextKey{}, ""), nil
    }

    tlsInfo := peer.AuthInfo.(credentials.TLSInfo)
    subject := tlsInfo.State.VerifiedChains[0][0].Subject.CommonName
    ctx = context.WithValue(ctx, subjectContextKey{}, subject)

    return ctx, nil
}

func subject(ctx context.Context) string {
    return ctx.Value(subjectContextKey{}).(string)
}

type subjectContextKey struct{}
```

authenticate(context.Context)関数は、クライアントの証明書からサブジェクトを読み取って、RPC のコンテキストに書き込むインタセプタ（*interceptor*）です。インタセプタを使うと、各RPC 呼び出しの実行を途中で捕らえて変更でき、リクエスト処理を小さく再利用可能な塊に分割できます。他のフレームワークでは、同じコンセプトをミドルウェア（*middleware*）と呼んでいます。subject(context.Context)関数は、クライアントの証明書のサブジェクトを返すので、クライアントを特定してアクセス権を確認できます。

NewGRPCServer(*Config, ...grpc.ServerOption)関数を、次のように更新してください。

SecureYourServices/internal/server/server.go

```go
func NewGRPCServer(config *Config, grpcOpts ...grpc.ServerOption) (
    *grpc.Server,
    error,
) {
    grpcOpts = append(grpcOpts, grpc.StreamInterceptor(
        grpc_middleware.ChainStreamServer(
            grpc_auth.StreamServerInterceptor(authenticate),
        )), grpc.UnaryInterceptor(grpc_middleware.ChainUnaryServer(
        grpc_auth.UnaryServerInterceptor(authenticate),
    )))
```

```
gsrv := grpc.NewServer(grpcOpts...)
srv, err := newgrpcServer(config)
if err != nil {
    return nil, err
}
api.RegisterLogServer(gsrv, srv)
return gsrv, nil
}
```

　ここでは、authenticateインタセプタをgRPCサーバに組み込み、サーバが各RPCのサブジェクトを識別して認可処理を開始するようにしています。

　では、テストサーバの設定を更新して、認可用の authorizer を渡すようにします。setup_test.go の setupTest の中で、auth パッケージをインポートして、サーバの設定を次のように更新します。

SecureYourServices/internal/server/server_test.go

```
authorizer := auth.New(config.ACLModelFile, config.ACLPolicyFile)
cfg = &Config{
    CommitLog:  clog,
    Authorizer: authorizer,
}
```

　これで、サーバがリクエストを認可するようになります。make testでテストを再び実行することで、すべてが動作することを確認できます。前回のテストでは、権限を持たないnobodyクライアントをサーバが拒否しなかったため、テストは失敗しました。今回は、ACLに基づいて許可されたユーザのみを認可するようになったので、テストは合格します。

5.5　学んだこと

　サービスを安全にする3ステップの方法を学びました。TLSによるコネクションの暗号化、クライアントとサーバの身元を確認するための相互TLS認証、ACLに基づく認可によるクライアントの操作許可の3ステップです。次の章では、メトリクス、ログ、トレースを追加して、サービスを監視可能にします。

6章
システムの観測

　ある日、目が覚めて、ズボンのベルトの最後の穴が合わないことに気付いたとします。体重計に乗ってみると、一晩でかなりの量の体重が増えています。慌ててダイエットとフィットネスに励みます。数週間後、体重を測ってみると、なぜかさらに体重が増えています。何が起きているのでしょうか。

　必要なのは、自分の体で何が起きているのかを知ることです。もし、私たちの体に**可観測性**（*observability*：オブザーバビリティ）が備わっていたら、ホルモン値のような体の指標がダッシュボード（*dashboard*）にグラフ化されるでしょう。ホルモン値が急激に変化した場合、すべての条件が同じであれば、ホルモンバランスの乱れが根本原因であると推測できます。しかし、何が変わったのかが分からないと、問題を解決するためにさまざまな変更を行っても、それぞれの影響が出てしまいます。

　私たちは、システムを観測可能にすることで、システムの状態を理解するための仮説を立てたり、予期せぬ問題をデバッグしたりします。キーワードは、「予期せぬ」です。システムを観測可能にすることは、今までに起きたことがない問題を解決できるということです。この章では、サービス内で何が起きているのかを理解するために、サービスを観測可能にします。

6.1　3種類のテレメトリデータ

　可観測性とは、システムの外部出力から、システムの内部（動作や状態）をどれだけ理解できるかを示す尺度です。システムを観測可能にするための出力として、メトリクス、構造化ログ、トレースを使います。テレメトリ（*telemetry*：遠隔測定）データには、独自のユースケースを持つ3種類がありますが、多くの場合、同じイベントから得ることができます。たとえば、ウェブサービスがリクエストを処理するたびに、「処理されたリクエスト数」というメトリクスの値を増加させたり、リクエストのログを出力したり、トレースを作成したりします。

6.1.1　メトリクス

　メトリクス（*metrics*）は、何件のリクエストが失敗したのか、各リクエストの処理に要した時

間など、時間の経過とともに数値データを測定したものです。このようなメトリクスは、サービスレベルの指標（SLI：*service-level indicators*）、目標（SLO：*service-level objectives*）、合意（SLA：*service-level agreements*）を定義するのに役立ちます。メトリクスを使って、システムの健全性を報告したり、内部アラート（*alert*）を発したり、ダッシュボードでグラフ化して、システムの状態を一目見ただけで把握できます。

メトリクスは数値データなので、徐々に分解能を下げていくことで、必要なストレージ容量や検索に要する時間を減らせます。たとえば、出版社を経営しているとしたら、本の購入ごとのメトリクスがあります。顧客へ本を出荷するには、顧客からの注文を知る必要があります。しかし、本を出荷して返品期限が過ぎれば、もうその注文を気にすることはありません。会計やビジネスを分析する際には、1冊の注文のレベルでは細かすぎます。最終的には、納税手続きをしたり、前年比の成長率を計算したり、ビジネスを拡大するために編集者や著者を増やせるかどうかを知るために、四半期ごとの収益だけが必要になります。

メトリクスには3種類あります。

カウンタ

カウンタは、失敗したリクエストの数や、処理されたバイト数などの何らかのシステム事象の合計など、あるイベントが発生した回数を追跡します。

カウンタを使って、あるイベントがある間隔で何回発生したかという比率を求めることがよくあります。自慢する以外に、受け取ったリクエストの総数を気にする人はいません。私たちが気にするのは、1秒間または1分間にどれだけの数のリクエストを処理したかということです。その数が大幅に少なくなったら、システム内のレイテンシを調べることになります。また、リクエストのエラー率が急上昇したときには、何が問題なのかを調べて修正することになります。

ヒストグラム

ヒストグラムは、データの分布を示すものです。ヒストグラムは、主にリクエストの処理時間やサイズの百分位数を測定するのに使います。

ゲージ

ゲージは、何かの現在の値を追跡します。その値を完全に入れ替えることができます。ゲージは、ホストのディスク使用率やロードバランサの数とクラウドプロバイダの制限値との比較など、飽和型のメトリクスに役立ちます。

あらゆるものを測定できますが、ではどのようなデータを測定すべきでしょうか。どのような指標がシステムに関する価値のあるシグナルを提供するのでしょうか。次は、測定すべきGoogleの

四つのゴールデンシグナル[†1]です。

- **レイテンシ**（*latency*、遅延時間）：サービスがリクエストを処理するのに要する時間のことです。レイテンシが急上昇した場合、多くのメモリ、CPU、IOPS（*Input/Output Per Second*）を持つインスタンスに変更してシステムを垂直方向に拡張するか、ロードバランサにさらにインスタンスを追加してシステムを水平方向に拡張する必要があります。
- **トラフィック**（*traffic*、リクエスト量）：サービスに対するリクエスト量のことです。一般的なウェブサービスであれば、1秒間に処理されるリクエスト数となります。オンラインゲームやビデオストリーミングサービスであれば、同時接続ユーザ数などになります。これらの指標は（うまくいけば）自慢になりますが、それよりも重要なのは、現在の処理規模や、新たな設計が必要な規模になったときの目安になるということです。
- **エラー**（*errors*）：サービスのリクエスト失敗率のことです。内部サーバエラーは特に重要です。
- **サチュレーション**（*saturation*）：サービスの容量を示す指標です。たとえば、データをディスクに永続的に保存するサービスの場合、現在のデータ流入率ならすぐにハードディスクの容量が足りなくなるとか、メモリ上への保存の場合、利用可能なメモリと比較してサービスはどの程度メモリを使っているのかなどです。

ほとんどのデバッグは、アラートやダッシュボードの異常に気付くなど、メトリクスから得られる情報でもって始まります。問題の詳細を知るには、ログやトレースを見ることになります。次にログとトレースを見てみましょう。

6.1.2 構造化ログ

ログは、システムのイベントを記述します。サービスに関する有益な情報を得られるイベントは、すべてログに記録すべきです。ログは、問題解決、監査、プロファイリングに役立つので、うまくいかなかった理由、誰がどのような処理を実行したのか、その処理に要した時間といったことを知ることができます。たとえば、gRPCサービスのログは、RPCの呼び出しごとに次のようなログを記録するでしょう。

```
{
  "request_id": "f47ac10b-58cc-0372-8567-0e02b2c3d479",
  "level": "info",
  "ts": 1600139560.3399575,
  "caller": "zap/server_interceptors.go:67",
  "msg": "finished streaming call with code OK",
  "peer.address": "127.0.0.1:54304",
```

[†1] https://landing.google.com/sre/sre-book/chapters/monitoring-distributed-systems/#xref_monitoring_golden-signals

```
    "grpc.start_time": "2020-09-14T22:12:40-05:00",
    "system": "grpc",
    "span.kind": "server",
    "grpc.service": "log.v1.Log",
    "grpc.method": "ConsumeStream",
    "peer.address": "127.0.0.1:54304",
    "grpc.code": "OK",
    "grpc.time_ns": 197740
}
```

　このログでは、呼び出しもとがメソッドを呼び出した時刻、呼び出しもとのIPアドレス、呼び出したサービスとメソッド、呼び出しが成功したかどうか、リクエストの処理に要した時間といったことが分かります。分散システムでは、リクエストIDは、複数のサービスで処理されるリクエストの全体像を把握するのに役立ちます。

　このgRPCログは、JSON形式の構造化ログです。構造化ログとは、プログラムで容易に読める、一貫したスキーマと形式でエンコードされた、名前と値の組の順序付けられた集まりです。構造化ログにより、ログの取得、転送、保存、問い合わせの処理を分離できます。たとえば、ログをプロトコルバッファとして取り込んで転送し、それをParquet†2形式で再エンコードして、列指向データベース（*columnar database*）に永続化できます。

　構造化ログをKafkaのようなイベントストリーミングのプラットフォームに集めて、ログに対する任意の処理や転送を可能にすることを推奨します。たとえば、KafkaとBigQueryのようなデータベースを接続してログを照会したり、KafkaとGCSのようなオブジェクトストアを接続して履歴のコピーを管理したりできます。

　重要なのは、ログの量が少なすぎて問題のデバッグに必要な情報が得られない場合と、ログの量が多すぎて情報量に圧倒され、重要な情報を見落としてしまう場合とのバランスです。ログの取りすぎに注意し、学習しながら役立たないログを減らしていくことをお勧めします。そうすれば、問題解決や監査に必要な情報が得られなくなる可能性が低くなります。

6.1.3　トレース

　トレース（*trace*）はリクエストのライフサイクルを捉え、システムを流れるリクエストを追跡できます。Jaeger†3、Google Cloud's operations suite†4、Lightstep†5のようなトレースのユーザインタフェースは、リクエストがシステムのどこで時間を費やしているのかを視覚的に示します。分散システムでは、リクエストが複数のサービスで実行されるため、この機能は特に便利です。図6-1のスクリーンショットは、JaegerでのJockoのリクエスト処理のトレース例です。

---

†2　https://parquet.apache.org
†3　https://www.jaegertracing.io
†4　https://cloud.google.com/products/operations
†5　https://lightstep.com

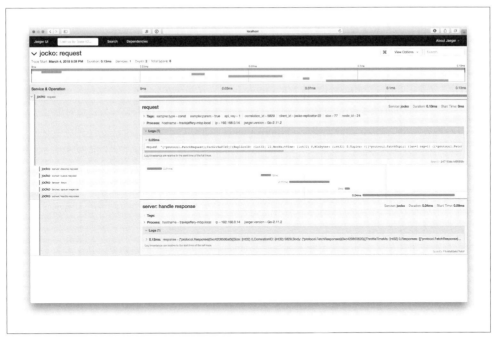

図6-1　Jocko のトレース例

　トレースに詳細な情報をタグ付けすることで、各リクエストの詳細を知ることができます。一般的な例は、各トレースにユーザ ID をタグ付けすることで、あるユーザに問題が発生した場合、そのユーザのリクエストを容易に見つけられることです。

　トレースは、一つ以上の**スパン**（*span*）で構成されます。スパンは親子関係を持つことも、兄弟関係を持つこともあります。各スパンは、リクエストの実行の一部を表します。それらをどのように詳細に見ていくかは、あなた次第です。広い範囲から始めてください。サービスの入口と出口を起点としたスパンで、すべてのサービスのリクエストをエンド・ツー・エンドでトレースします。次に、各サービスを深く掘り下げて、重要なメソッド呼び出しをトレースします。

　それでは、コードを更新して、サービスを観測可能にしましょう。

6.2　サービスを観測可能にする

　メトリクス、構造化ログ、トレースを追加して、サービスを観測可能にします。サービスを本番環境にデプロイする際には通常、メトリクス、構造化ログ、トレースを、Prometheus[†6]、Elasticsearch[†7]、Jaeger のような外部サービスに送信するように設定します。ここでは、単純に

†6　https://prometheus.io
†7　https://www.elastic.co/elasticsearch

するために、可観測性の要素をファイルに記録して、データがどのようになるかを見てみます。

OpenTelemetry[8]は、CNCF（*Cloud Native Computing Foundation*）プロジェクトの一つです。そのプロジェクトは、私たちのサービスでメトリクスや分散トレースに使える、堅牢でポータブルなAPIやライブラリを提供しています（OpenCensusとOpenTracingは合併してOpenTelemetryとなりましたが、OpenTelemetryは既存のOpenCensusインテグレーションに対して後方互換性があります）。OpenTelemetryのGoのgRPCインテグレーションはトレースには対応していますが、メトリクスに対応していません。OpenCensusのgRPCインテグレーションがトレースとメトリクスの両方に対応していることから、私たちのサービスではOpenCensusライブラリを使います。残念ながら、OpenTelemetryもOpenCensusもまだロギングをサポートしていません。OpenTelemetryは、いつかはロギングをサポートするはずです。そのためのSIG（*special interest group*）[9]がOpenTelemetryのロギング仕様を計画しています。それまでは、UberのZapログライブラリ[10]を使うことになります。

ほとんどのGoのネットワークAPIはミドルウェアをサポートしているので、リクエスト処理に独自のロジックを挿入できます。この時点で、すべてのリクエストに、メトリクス、ログ、トレースを挿入してサービスを観測可能にすることが推奨されます。これが、OpenCensusとZapインテグレーションのインタセプタを使う理由です。

プロジェクト内で次のコマンドを実行し、OpenCensusとZapをインストールします。

```
$ go get go.uber.org/zap@v1.21.0
$ go get go.opencensus.io@v0.23.0
```

次に、internal/server/server.goを開き、インポートを更新して、矢印の行を含めます。

ObserveYourServices/internal/server/server.go

```
import (
    "context"
    "strings"  ◀
    "time"  ◀

    api "github.com/travisjeffery/proglog/api/v1"

    grpc_middleware "github.com/grpc-ecosystem/go-grpc-middleware"
    grpc_auth "github.com/grpc-ecosystem/go-grpc-middleware/auth"
    grpc_zap "github.com/grpc-ecosystem/go-grpc-middleware/logging/zap"  ◀
    grpc_ctxtags "github.com/grpc-ecosystem/go-grpc-middleware/tags"  ◀

    "go.opencensus.io/plugin/ocgrpc"  ◀
    "go.opencensus.io/stats/view"  ◀
```

---

[8]　https://opentelemetry.io

[9]　https://github.com/open-telemetry/community にある *Specification: Logs* の SIG です。

[10]　https://github.com/uber-go/zap

```
    "go.opencensus.io/trace"                                      ◀
    "go.uber.org/zap"                                             ◀
    "go.uber.org/zap/zapcore"                                     ◀

    "google.golang.org/grpc"
    "google.golang.org/grpc/codes"
    "google.golang.org/grpc/credentials"
    "google.golang.org/grpc/peer"
    "google.golang.org/grpc/status"
)
```

NewGRPCServerを更新してZapを設定します。

ObserveYourServices/internal/server/server.go

```
func NewGRPCServer(config *Config, grpcOpts ...grpc.ServerOption) (
    *grpc.Server,
    error,
) {
    logger := zap.L().Named("server")
    zapOpts := []grpc_zap.Option{
        grpc_zap.WithDurationField(
            func(duration time.Duration) zapcore.Field {
                return zap.Int64(
                    "grpc.time_ns",
                    duration.Nanoseconds(),
                )
            },
        ),
    }
```

サービス内の他のログとサーバのログを区別するために、ロガーの名前を指定します。そして、
構造化されたログに"grpc.time_ns"フィールドを追加して、各リクエストの持続時間をナノ秒単
位で記録します。

前述のコードの後に、次のコードを追加して、OpenCensusがメトリクスとトレースを収集する
方法を設定します。

ObserveYourServices/internal/server/server.go

```
    trace.ApplyConfig(trace.Config{DefaultSampler: trace.AlwaysSample()})
    err := view.Register(ocgrpc.DefaultServerViews...)
    if err != nil {
        return nil, err
    }
```

ここでは、サービスを開発しており、すべてのリクエストをトレースしたいので、トレースを常
にサンプリングするようにOpenCensusを設定しました。

　本番環境では、パフォーマンスに影響を与えたり、大量のデータが必要だったり、機密データを
追跡してしまったりする可能性があるため、すべてのリクエストを追跡したくない場合があります。トレースが多すぎることが問題であれば、確率標本抽出（*probability sampler*）を使って、リクエストの一部をサンプリングできます。しかし、確率標本抽出を使う場合の問題点は、重要なリクエストを見逃してしまうかもしれないことです。これらのトレードオフを調整するために、重要なリクエストを常にトレースし、残りのリクエストの一部をサンプリングする独自のサンプラーを書けます。そのためのコードは次のようになります。

```
halfSampler := trace.ProbabilitySampler(0.5)
trace.ApplyConfig(trace.Config{
    DefaultSampler: func(p trace.SamplingParameters) trace.SamplingDecision {
        if strings.Contains(p.Name, "Produce"){
            return trace.SamplingDecision{Sample: true}
        }
        return halfSampler(p)
    },
})
```

　ビュー（*view*）は、OpenCensusが収集する統計情報を指定します。デフォルトのサーバビューでは、次の統計情報を収集します。

- RPCごとの受信バイト数
- RPCごとの送信バイト数
- レイテンシ
- 完了したRPC

　ここで、前述のコード後に書かれているはずの grpcOpts を、次の矢印の行を含むように変更します。

ObserveYourServices/internal/server/server.go
```
    grpcOpts = append(grpcOpts,
        grpc.StreamInterceptor(
            grpc_middleware.ChainStreamServer(
                grpc_ctxtags.StreamServerInterceptor(),              ◀
                grpc_zap.StreamServerInterceptor(logger, zapOpts...), ◀
                grpc_auth.StreamServerInterceptor(authenticate),
            )), grpc.UnaryInterceptor(grpc_middleware.ChainUnaryServer(
            grpc_ctxtags.UnaryServerInterceptor(),                   ◀
            grpc_zap.UnaryServerInterceptor(logger, zapOpts...),     ◀
            grpc_auth.UnaryServerInterceptor(authenticate),
        )),
        grpc.StatsHandler(&ocgrpc.ServerHandler{}),                  ◀
    )
```

　これらの矢印の行は、gRPC呼び出しをログに記録するZapインタセプタを適用し、OpenCensus をサーバの統計情報（stats）ハンドラとして使うように gRPC を設定します。これにより、 OpenCensusはサーバのリクエスト処理に関する統計情報を記録できます。

　さて、あとはテストの設定を変更して、メトリクスとトレースのログファイルを設定するだけです。internal/server/server_test.goを開き、次のインポートを追加します。

ObserveYourServices/internal/server/server_test.go

```
    "os"
    "time"
    "flag"

    "go.opencensus.io/examples/exporter"

    "go.uber.org/zap"
```

　インポートの後に、次のコードを追加して、可観測性の出力を有効にするためのデバッグフラグを定義します。

ObserveYourServices/internal/server/server_test.go

```
// imports...

var debug = flag.Bool("debug", false, "Enable observability for debugging.")

func TestMain(m *testing.M) {
    flag.Parse()
    if *debug {
        logger, err := zap.NewDevelopment()
        if err != nil {
            panic(err)
        }
        zap.ReplaceGlobals(logger)
    }
    os.Exit(m.Run())
}
```

　テストファイルがTestMain(m *testing.M)関数を実装している場合、Goはテストを直接実行するのではなく TestMain(m)関数を呼び出します。TestMain関数では、デバッグ出力の有効化など、そのファイル内のすべてのテスト[11]に適用される設定を行う場所を提供します。フラグの解析はinit関数ではなく TestMain関数で行わなければなりません。そうしないとGoはフラグを定義できず、コードはエラーになって終了してしまいます。

　setupTest関数内のauthorizer変数の後に、次のコードを追加します。

---

†11　訳注：実際には、同じパッケージ内のすべてのテストです。

ObserveYourServices/internal/server/server_test.go

```go
        var telemetryExporter *exporter.LogExporter
        if *debug {
            metricsLogFile, err := os.CreateTemp("", "metrics-*.log")
            require.NoError(t, err)
            t.Logf("metrics log file: %s", metricsLogFile.Name())

            tracesLogFile, err := os.CreateTemp("", "traces-*.log")
            require.NoError(t, err)
            t.Logf("traces log file: %s", tracesLogFile.Name())

            telemetryExporter, err = exporter.NewLogExporter(exporter.Options{
                MetricsLogFile:    metricsLogFile.Name(),
                TracesLogFile:     tracesLogFile.Name(),
                ReportingInterval: time.Second,
            })
            require.NoError(t, err)
            err = telemetryExporter.Start()
            require.NoError(t, err)
        }
```

　このコードは、二つのファイルに書き込むテレメトリエクスポータ（*telemetry exporter*）の設定と起動を行っています。個々のテストには個別のトレースファイルとメトリクスファイルが用意されるので、各テストのリクエストを確認できます。

　setupTestの最後にある後処理用の関数に、次の矢印の行を追加します。

ObserveYourServices/internal/server/server_test.go

```go
        return rootClient, nobodyClient, cfg, func() {
            rootConn.Close()
            nobodyConn.Close()
            server.Stop()
            l.Close()
            if telemetryExporter != nil {                   ◀
                time.Sleep(1500 * time.Millisecond)         ◀
                telemetryExporter.Stop()                    ◀
                telemetryExporter.Close()                   ◀
            }                                               ◀
        }
```

　テレメトリエクスポータがデータをディスクにフラッシュするのに十分な時間を与えるために、1.5秒間スリープします。その後、エクスポータを停止して閉じます。

　internal/serverディレクトリに移動し、次のコマンドでサーバのテストを実行します。

```
$ go test -v -debug=true
```

　テスト出力の中で、メトリクスやトレースのログファイルを見つけ、それらを開くと、エクス

ポートされたメトリクスやトレースデータを確認できます[†12]。

```
metrics log file: /tmp/metrics-{{random string}}.log
traces log file: /tmp/traces-{{random string}}.log
```

たとえば、次は完了したRPCの統計情報で、サーバが二つの成功したProduce呼び出しを処理したことを示しています[†13]。

```
Metric: name: grpc.io/server/completed_rpcs, type: TypeCumulativeInt64, unit: 1
  Labels: [
    {grpc_server_method}={log.v1.Log/Produce true}
    {grpc_server_status}={OK true}]
    Value : value=2
```

そして、次がProduce呼び出しのトレースです。

```
TraceID:      3e3343b74193e6a807cac515e82fb3b3
SpanID:       045493d1be3f7188

Span:    log.v1.Log.Produce
Status:   [0]
Elapsed: 1ms
SpanKind: Server

Attributes:
  - Client=false
  - FailFast=false

MessageEvents:
Received
UncompressedByteSize: 15
CompressedByteSize: 0

Sent
UncompressedByteSize: 0
CompressedByteSize: 5
```

サービスの様子を観測できるようになりました。

---

†12 訳注：random stringとなっている部分は、ランダムな文字列を表します。たとえば、ログファイルの名前は、metrics-2793047858.logやtraces-147708515.logなどです。また、/tmp/の部分は、実行しているオペレーティングシステムによって変わります。

†13 訳注：実際の出力は、Labels:が1行です。また、setupTest関数で、テストごとにメトリクスのファイルを作成しているため、どのテストの出力を見るかによって、成功したProduce呼び出しが一つの場合があります。

6.3　学んだこと

　この章では、信頼性の高いシステムを作るための可観測性とその役割について学びました。トレースは、複数のサービスを介して行われるリクエストの全体像を把握できるので、分散システムではとりわけ有用です。また、サービスを観測可能にする方法も学びました。次の章では、サービスの高い可用性と拡張性を実現するために、サーバにクラスタリングをサポートさせます。

第III部
分散化

7章
サーバ間のサービスディスカバリ

　ここまでで、安全なスタンドアロンのgRPCウェブサービスを構築しました。ここからは、スタンドアロンのサービスを分散サービスにするために、クラスタへのノードの追加や削除を自動的に処理できるようにするサービスディスカバリ（*service discovery*）を導入します。

　サービスディスカバリになじみがなくても、心配しないでください。この章を読めばすぐになじめます。サービスディスカバリは、分散サービスの最も優れた点の一つです。マシンが自動的に他のサービスを見つけます（スカイネット[†1]が自我を持ち、支配するようになったとき、その役割を果たしたサービスディスカバリに感謝できます）。ここでは、サービスディスカバリの多くの利点を簡単に紹介します。

7.1　サービスディスカバリを使う理由

　サービスディスカバリとは、サービスに接続する方法を見つけ出す処理です。サービス・ディスカバリ・ソリューションでは、**レジストリ**（*registry*）とも呼ばれるサービスの最新リスト、サービスの位置、サービスの健全性を保持する必要があります。下流（*downstream*）のサービスは、このレジストリを照会して上流（*upstream*）のサービスの位置を発見し、接続します。たとえば、ウェブサービスがデータベースを発見して接続するような場合です。これにより、上流のサービスが変更されても（規模の拡大や縮小、交換など）、下流のサービスはそれらの上流のサービスへ接続できます[†2]。

　クラウドより前の時代には、手作業で管理および設定された固定アドレスを使って「サービスディスカバリ」を設定できました。それは、アプリケーションが静的なハードウェア上で動作していたために機能していました。ノードが頻繁に変更される最新のクラウドアプリケーションでは、サービスディスカバリが大きな役割を果たしています。

---

†1　訳注：映画「ターミネーター」に登場する架空のコンピュータです。
†2　訳注：上流および下流とは、クライアントからウェブサービスへのリクエストの流れではなく、リクエストに対するレスポンスのデータの流れです。そのため、データベースが上流であり、ウェブサービスがその下流となり、クライアントがウェブサービスの下流となります。

　サービスディスカバリの代わりに、ロードバランサ（*load balancer*）をサービスの前に置き、ロードバランサが固定IPを提供するようにしている開発者もいます。しかし、サーバ間の通信では、サーバを自分で管理し、クライアントとサーバの間の信頼境界（*trust boundary*）[3]としてのロードバランサを必要としない場合、代わりにサービスディスカバリを使います。ロードバランサは、コストの増加、レイテンシの増加、単一障害点（*single point of failure*）の発生、サービスの拡大・縮小に伴う更新が必要になります。数十から数百のマイクロサービスを管理している場合、サービスディスカバリを使わないと、数十から数百のロードバランサとDNSレコードを管理しなければなりません。私たちの分散サービスでロードバランサを使うと、nginxのようなロードバランサのサービスや、AWSのELBやGoogleのCloud Load Balancingなど、さまざまなクラウドのロードバランサに依存することになります。それでは、運用負荷、基盤コスト、レイテンシーが増大してしまいます。

　私たちのシステムでは、二つのサービスディスカバリ問題を解決しなければなりません。

- クラスタ内のサーバは、どのようにして互いを発見するのか。
- クライアントは、どのようにしてサーバを発見するか。

　この章では、サーバのディスカバリの実装に取り組みます。そして、「**8章　合意形成によるサービス連携**」（147ページ）で合意形成を実装した後、「**9章　サーバディスカバリとクライアント側ロードバランス**」（179ページ）でクライアント側のディスカバリを行います。

　サービスディスカバリの機能が分かったので、サービスに組み込んでいきます。

7.2　サービスディスカバリの組み込み

　アプリケーションがサービスと通信する必要がある場合、サービスディスカバリに使うツールは、次の処理を行う必要があります。

- サービスのIPアドレスやポート番号などの情報を含むレジストリを管理する。
- サービスがレジストリを使って他のサービスを見つけられるようにする。
- サービスインスタンスのヘルスチェック（*health check*）を行い、応答がなければサービスを削除する。
- サービスがオフラインになったときに登録を解除する。

　歴史的に、分散サービスを構築する人々は、サービスディスカバリのためのスタンドアロンのサービス（Consul、ZooKeeper、Etcdなど）に依存してきました。この本のアーキテクチャでは、

---

[3]　https://en.wikipedia.org/wiki/Trust_boundary

サービスのユーザは、サービス用とサービスディスカバリ用の二つのクラスタを実行します。サービス・ディスカバリ・サービスを利用する利点は、サービスディスカバリを自分で構築する必要がないことです。そのようなサービスを利用することの欠点は、ユーザの立場からすると、それらについて学習し、起動し、追加のサービスのクラスタを運用しなければならないことです。したがって、ディスカバリのためにスタンドアロンのサービスを使うことは、あなたの負担を取り除いてくれますが、ユーザに負担をかけます。その結果、負担が大きすぎるため、多くのユーザはあなたのサービスを利用しません。そして、あなたのサービスを利用したユーザは、あなたのサービスを他のユーザに頻繁に勧めたり、強く勧めたりしなくなるでしょう。

　では、なぜ分散サービスを構築する人たちは、スタンドアロンのサービス・ディスカバリ・サービスを使い、ユーザはその負担を我慢していたのでしょうか。それは、どちらも選択の余地がなかったからです。分散サービスを構築する人たちには、サービスディスカバリをサービスに組み込むためのライブラリがなく、ユーザには他の選択肢がなかったのです。

　幸い、時代は変わりました。現在、GopherにはSerf[†4]があります。Serfは非集中的なクラスタメンバーシップ、障害検出、オーケストレーションを提供するライブラリです。Serfを使って、分散サービスにサービスディスカバリを容易に組み込めます。Serfを開発したHashiCorp社は、自社のサービスディスカバリ製品であるConsulを動かすためにSerfを使っているので、あなたはよい仲間に恵まれていることになります。

　Serfを使ってサービスディスカバリをサービスに組み込むことで、自分でサービスディスカバリを実装する必要がなく、サービスのユーザは追加のクラスタを実行する必要がなくなります。まさに双方にメリットがあります。

独立型のサービス・ディスカバリ・ソリューションに頼るべき場合

　サービスディスカバリを多くのプラットフォームと統合する必要がある場合など、サービスディスカバリのためにスタンドアロンのサービスに依存することに意味がある場合があります。たとえば、サービスディスカバリを多くのプラットフォームと統合する必要がある場合、その作業に多くの労力を費やすことになります。しかし、Consulのようなインテグレーションを提供するサービスを利用できるのなら、サービスディスカバリを独自にインテグレーションする作業は時間の無駄になります。いずれにしても、Serfは常によいスタート地点となります。対象としている重要な問題を解決するためにサービスを開発し、サービスが安定しているか、安定した状態に近い状態になったら、独立型のサービス・ディスカバリ・ソリューションに依存する必要があるかどうかを判断できます。

　Serfでサービスを構築する他の利点は、次のとおりです。

[†4]　https://www.serf.io

- サービスを構築する初期の段階では、別のサービスを立ち上げるよりもSerfを設定して、開発しているサービスを構築するほうが早いです。
- 独立型のサービスからSerfに移行するよりも、Serfからスタンドアロンのサービスに移行するほうが簡単です。したがって、最初にSerfを利用すれば、Serfを利用し続けるのか、あるいは、独立型のサービスへ移行するのかという両方の選択肢を持つことになります。
- サービスは、簡単かつ柔軟にデプロイできるようになり、サービスが利用しやすくなります。

したがって、私たちのサービスでは、Serfを使ってサービスディスカバリを構築することにします。

Serfを使う利点を見てきましたので、次に、Serfがどのように動作するのかを簡単に説明します。

7.3　Serfによるディスカバリサービス

Serfは、サービスのノード間通信に、効率的で軽量なゴシッププロトコル（*gossip protocol*）を使うことで、クラスタメンバーシップを維持します。ZooKeeperやConsulなどのサービスレジストリのプロジェクトとは異なり、Serfは集中レジストリのアーキテクチャ方式を採用していません。代わりに、クラスタ内のサービスの各インスタンスは、Serfノードとして動作します。これらのノードは、ゾンビだらけの世界で起こるのと同じように、互いにメッセージを交換します。Serfでは、ゾンビウイルスを拡散するのではなく、クラスタ内のノードに関する情報を拡散します。サービスは、クラスタの変化に関するメッセージをSerfから聞いて、それに応じて処理します。

Serfでサービスディスカバリを実装するには、次のことが必要です。

1. 各サーバにSerfノードを作成します。
2. 各Serfノードに、他のSerfノードからのコネクションをリッスンして受け付けるアドレスを設定します。
3. 各Serfノードに他のSerfノードのアドレスを設定し、クラスタに参加します。
4. ノードがクラスタに参加したり、クラスタ内のノードが機能しなくなったりしたときなど、Serfのクラスタディスカバリのイベントを処理します。

では、コーディングを始めましょう。

Serfは、多くのユースケースで使える軽量なツールですが、解決すべき特定の問題がある場合、そのAPIは冗長になることがあります。私たちがディスカバリレイヤに解決してもらいたい具体的な仕事は、あるサーバがクラスタに参加したり離脱したりしたときに、そのサーバのIDとアドレスをできるだけ少ないAPIで教えてくれることです。そこで、サーバが使うdiscoveryパッケージを作ります。

まず、次のコマンドを実行してserfパッケージをインストールします。

```
$ go get github.com/hashicorp/serf@v0.9.7
```

次に、internal/discoveryディレクトリを作成し、その下にmembership.goファイルを作成し、次のコードで書き始めます。

ServerSideServiceDiscovery/internal/discovery/membership.go

```go
package discovery

import (
    "net"

    "go.uber.org/zap"

    "github.com/hashicorp/serf/serf"
)

type Membership struct {
    Config
    handler Handler
    serf    *serf.Serf
    events  chan serf.Event
    logger  *zap.Logger
}

func New(handler Handler, config Config) (*Membership, error) {
    c := &Membership{
        Config:  config,
        handler: handler,
        logger:  zap.L().Named("membership"),
    }
    if err := c.setupSerf(); err != nil {
        return nil, err
    }
    return c, nil
}
```

MembershipはSerfを含む型で、私たちのサービスにディスカバリとクラスタメンバーシップを提供します。ユーザはNewを呼び出して、必要な設定とイベントハンドラを持つMembershipを作成します。

設定種別を定義し、Serfを設定する、次のコードをNew関数の後に追加してください。

ServerSideServiceDiscovery/internal/discovery/membership.go

```go
type Config struct {
    NodeName        string
    BindAddr        string
    Tags            map[string]string
```

```
    StartJoinAddrs []string
}

func (m *Membership) setupSerf() (err error) {
    addr, err := net.ResolveTCPAddr("tcp", m.BindAddr)
    if err != nil {
        return err
    }
    config := serf.DefaultConfig()
    config.Init()
    config.MemberlistConfig.BindAddr = addr.IP.String()
    config.MemberlistConfig.BindPort = addr.Port
    m.events = make(chan serf.Event)
    config.EventCh = m.events
    config.Tags = m.Tags
    config.NodeName = m.Config.NodeName
    m.serf, err = serf.Create(config)
    if err != nil {
        return err
    }
    go m.eventHandler()
    if m.StartJoinAddrs != nil {
        _, err = m.serf.Join(m.StartJoinAddrs, true)
        if err != nil {
            return err
        }
    }
    return nil
}
```

Serfには多くの設定可能なパラメータがありますが、一般的に使うパラメータは次の五つです。

- NodeName：ノード名は、Serfクラスタ全体でノードの一意な識別子として機能します。ノード名を設定しない場合、Serfはホスト名を使います。

- BindAddrとBindPort：Serfはこのアドレスとポートでゴシッププロトコルを使います。

- Tags：Serfはタグをクラスタ内の他のノードと共有し、このノードの処理方法をクラスタに知らせる簡単なデータのためにタグを使う必要があります。たとえば、Consulは各ノードのRPCアドレスをSerfのタグで共有しており、互いのRPCアドレスが分かれば、互いにRPCを呼び出すことができます。Consulはノードが投票者であるか非投票者であるかを共有し、それによってRaftクラスタにおけるノードの役割が変わります。これについては、次の章でRaftを使ってクラスタ内の合意形成を構築する際に詳しく説明します。この章のコードでは、Consulと同様に、各ノードのユーザ設定のRPCアドレスをSerfタグで共有し、ノードがどのアドレスに対してRPCを呼び出せばよいかを知ることができます。

- EventCh：イベントチャネルは、ノードがクラスタに参加または離脱したときにSerfのイベ

ントを受信する手段です。任意の時点でのメンバーのスナップショットが欲しい場合、Serf
の`Members`メソッドを呼び出せます。

- `StartJoinAddrs`：既存のクラスタがあり、そのクラスタに追加したい新たなノードを作成
  した場合、新たなノードをクラスタ内の少なくとも一つのノードに向ける必要があります。
  新たなノードが既存のクラスタ内のノードの一つに接続すると、残りのノードについて知る
  ことになります。その逆も同様です（既存のノードが新たなノードについて知ることになり
  ます）。`StartJoinAddrs`フィールドは、新たなノードが既存のクラスタに参加するように
  設定する方法です。このフィールドにクラスタ内のノードのアドレスを設定すると、Serfの
  ゴシッププロトコルが残りの部分を処理して、ノードをクラスタに参加させます。本番環境
  では、一つまたは二つのノードの障害やネットワークの中断に対応できるように、少なくと
  も三つのアドレスを指定します。

　`setupSerf`メソッドはSerfインスタンスの作成と設定を行い、Serfのイベントを処理する
`eventsHandler`メソッドを別のゴルーチンで起動します。

　`setupSerf`の後に、次の`Handler`インタフェースを定義します。

ServerSideServiceDiscovery/internal/discovery/membership.go

```go
type Handler interface {
    Join(name, addr string) error
    Leave(name string) error
}
```

　`Handler`インタフェースは、サーバがクラスタに参加または離脱したことを知る必要があるサー
ビス内のコンポーネントを表します。

　この章では、クラスタに参加したサーバのデータを複製するコンポーネントを構築します。サー
ビスに合意形成を構築する次の章では、Raftは、サーバを連携させるために、サーバがクラスタに
参加したことを知る必要があります。

　`Handler`インタフェースの後に、次の`eventHandler`メソッドを定義します。

ServerSideServiceDiscovery/internal/discovery/membership.go

```go
func (m *Membership) eventHandler() {
    for e := range m.events {
        switch e.EventType() {
        case serf.EventMemberJoin:
            for _, member := range e.(serf.MemberEvent).Members {
                if m.isLocal(member) {
                    continue
                }
                m.handleJoin(member)
            }
```

```
            case serf.EventMemberLeave, serf.EventMemberFailed:
                for _, member := range e.(serf.MemberEvent).Members {
                    if m.isLocal(member) {
                        return
                    }
                    m.handleLeave(member)
                }
            }
        }
    }
}

func (m *Membership) handleJoin(member serf.Member) {
    if err := m.handler.Join(
        member.Name,
        member.Tags["rpc_addr"],
    ); err != nil {
        m.logError(err, "failed to join", member)
    }
}

func (m *Membership) handleLeave(member serf.Member) {
    if err := m.handler.Leave(
        member.Name,
    ); err != nil {
        m.logError(err, "failed to leave", member)
    }
}
```

eventHandlerメソッドは、ループ処理でSerfからイベントチャネルに送られてくるイベントを読み込んで、受信した各イベントをイベントの種別に応じて処理します。ノードがクラスタに参加したり離脱したりすると、Serfは、イベントをクラスタに参加あるいは離脱したノード自身を含むすべてのノードに送信します。イベントが表すノードがローカルサーバであるかどうかを検査し、サーバが自分自身に作用しないようにします。たとえば、サーバが自分自身を複製しないようにします。

Serfは複数メンバーの更新を一つのイベントにまとめることがあることに注意してください。たとえば、10個のノードが同時期にクラスタに参加したとします。その場合、Serfは10個のメンバーを一つの参加イベントで送信します。そのため、イベントのMembersでループしています。

eventHandlerの後に、次のMembershipの残りの部分を実装します。

ServerSideServiceDiscovery/internal/discovery/membership.go

```
func (m *Membership) isLocal(member serf.Member) bool {
    return m.serf.LocalMember().Name == member.Name
}

func (m *Membership) Members() []serf.Member {
```

```
        return m.serf.Members()
    }

    func (m *Membership) Leave() error {
        return m.serf.Leave()
    }

    func (m *Membership) logError(err error, msg string, member serf.Member) {
        m.logger.Error(
            msg,
            zap.Error(err),
            zap.String("name", member.Name),
            zap.String("rpc_addr", member.Tags["rpc_addr"]),
        )
    }
```

これらのメソッドは、Membershipの残りの部分を構成しています。

- isLocalは、指定されたSerfメンバーがローカルメンバーであるかどうかを、メンバーの名前を確認して返します。
- Membersは、クラスタのSerfメンバーのその時点のスナップショットを返します。
- Leaveは、このメンバーがSerfクラスタから離脱することを指示します。
- logErrorは、与えられたエラーとメッセージをロギングします。

それでは、Membershipのコードをテストしてみましょう。internal/discoveryディレクトリにmembership_test.goファイルを作成し、次のコードで書き始めます。

ServerSideServiceDiscovery/internal/discovery/membership_test.go

```
    package discovery_test

    import (
        "fmt"
        "testing"
        "time"

        "github.com/hashicorp/serf/serf"
        "github.com/stretchr/testify/require"
        "github.com/travisjeffery/go-dynaport"
        . "github.com/travisjeffery/proglog/internal/discovery"
    )

    func TestMembership(t *testing.T) {
        m, handler := setupMember(t, nil)
        m, _ = setupMember(t, m)
        m, _ = setupMember(t, m)
```

```
require.Eventually(t, func() bool {
    return len(handler.joins) == 2 &&
        len(m[0].Members()) == 3 &&
        len(handler.leaves) == 0
}, 3*time.Second, 250*time.Millisecond)

require.NoError(t, m[2].Leave())

require.Eventually(t, func() bool {
    return len(handler.joins) == 2 &&
        len(m[0].Members()) == 3 &&
        m[0].Members()[2].Status == serf.StatusLeft &&
        len(handler.leaves) == 1
}, 3*time.Second, 250*time.Millisecond)

require.Equal(t, "2", <-handler.leaves)
}
```

　このテストでは、複数のサーバを持つクラスタを設定し、Membershipがメンバーシップに参加
したすべてのサーバを返し、サーバがクラスタから離脱した後に更新することを確認しています。
ハンドラのjoinsチャネルとleavesチャネルは、それぞれのイベントが何回起きたか、どのサー
バで起きたかを教えてくれます。各メンバーは、その状態を知るために次のステータスを持ってい
ます。

- **動作中**（*Alive*）：サーバが存在し、健全であることを示します。
- **離脱中**（*Leaving*）：サーバがクラスタからグレースフルに離脱中であることを示します。
- **離脱**（*Left*）：サーバがクラスタからグレースフルに離脱したことを示します。
- **機能不全**（*Failed*）：サーバがクラスタから突然離脱したことを示します。

　TestMembership関数は、呼び出すごとにメンバーを設定するヘルパー関数に依存しています。
TestMembership関数の後に、次のヘルパーsetupMember関数のコードを追加します。

ServerSideServiceDiscovery/internal/discovery/membership_test.go
```
func setupMember(t *testing.T, members []*Membership) (
    []*Membership, *handler,
) {
    id := len(members)
    ports := dynaport.Get(1)
    addr := fmt.Sprintf("%s:%d", "127.0.0.1", ports[0])
    tags := map[string]string{
        "rpc_addr": addr,
    }
    c := Config{
```

```
            NodeName: fmt.Sprintf("%d", id),
            BindAddr: addr,
            Tags:     tags,
        }
        h := &handler{}
        if len(members) == 0 {
            h.joins = make(chan map[string]string, 3)
            h.leaves = make(chan string, 3)
        } else {
            c.StartJoinAddrs = []string{
                members[0].BindAddr,
            }
        }
        m, err := New(h, c)
        require.NoError(t, err)
        members = append(members, m)
        return members, h
    }
```

setupMemberは、空きのポート番号[†5]で新たなメンバーを設定し、メンバーの長さをノード名にして、名前が一意になるようにします。メンバーの長さは、このメンバーがクラスタの最初のメンバーなのか、それとも参加するクラスタがあるのかを教えてくれます。

setupMemberの後に、ハンドラのモックを定義する次のコードを書いて、テストコードを完成させます。

ServerSideServiceDiscovery/internal/discovery/membership_test.go

```
    type handler struct {
        joins  chan map[string]string
        leaves chan string
    }

    func (h *handler) Join(id, addr string) error {
        if h.joins != nil {
            h.joins <- map[string]string{
                "id":   id,
                "addr": addr,
            }
        }
        return nil
    }

    func (h *handler) Leave(id string) error {
        if h.leaves != nil {
            h.leaves <- id
        }
```

---

†5　訳注：dynaport.Get(1)は、1個の空きのポート番号を含む[]intを返します。

```
        return nil
    }
```

　ハンドラのモックは、Membership がハンドラの Join メソッドと Leave メソッドを何回呼び出したか、どの ID とアドレスで呼び出したかを記録します。

　Membership のテストを実行し、合格することを確認してください。

　ディスカバリとメンバーシップのパッケージができたので、それらをサービスと統合して、レプリケーションを行ってみましょう。

7.4　発見されたサービスにリクエストし、ログを レプリケーションする

　クラスタ内に複数のサーバがある場合、サービスディスカバリに基づいて、ログデータを複数保存するようにサービスにレプリケーションを追加します。レプリケーションにより、サービスの障害に対する耐性が高まります。たとえば、あるノードのディスクが故障してデータを復旧できなかった場合、レプリケーションによって別のディスクにコピーが保存されていることを保証できるので安心です。

　次の章では、サーバを連携させて、レプリケーションのリーダーとフォロワーの関係を明確にします。しかし、今のところは、サーバが互いを発見したときに、単純に互いにレプリケーションを行いたいだけです。ジュラシックパークの科学者のように、レプリケーションを行うべきかどうかを心配したくはないです。この章の残りの目標は、サービスディスカバリを利用して、次の章で行う連携されたレプリケーションの準備のために簡単なものを作ることです。

　ディスカバリだけでは、何の役にも立ちません。何台ものコンピュータが互いを発見しても、何もしないだけだったらどうでしょうか。ディスカバリが重要なのは、ディスカバリのイベントがレプリケーションや合意形成といったサービスの他の処理を引き起こすからです。サーバが他のサーバを発見すると、そのサーバにレプリケーションを行わせたいのです。サービスには、あるサーバがクラスタに参加（または離脱）したときに、そのサーバからのレプリケーションを開始（または終了）するためのコンポーネントが必要です。

　レプリケーションはプル（*pull*）方式で行われ、レプリケーションコンポーネントは検出された各サーバからデータを読み出し、ローカルサーバにコピーを作成します。プル方式レプリケーションでは、複製先のサーバが複製もとのサーバのデータソースを定期的にポーリングして、読み出すべき新たなデータがあるかどうかを検査します。プッシュ（*push*）方式のレプリケーションでは、データソースである複製もとのサーバがデータをその複製先のサーバへデータをプッシュします（次の章では、Raft をサービスに統合しますが、それはプッシュ方式です）。

　プル方式システムの柔軟性は、複製先のサーバや作業負荷が異なるログシステムやメッセージシステムに適しています。たとえば、データをストリーム処理して連続的に実行するクライアント

と、データをバッチ処理して24時間ごとに実行するクライアントがいる場合などです。サーバ間でレプリケーションを行う際には、同種のサーバを使ってできるだけ短い遅延で最新のデータを複製するので、プル方式とプッシュ方式のシステムの挙動はほぼ同じです。しかし、合意形成が必要な理由を明らかにするには、独自のプル方式のレプリケーションを書くほうが簡単です。

クラスタにレプリケーションを追加するには、サーバのクラスタへの参加と離脱を処理するメンバーシップハンドラとして機能するレプリケーションのコンポーネントが必要です。サーバがクラスタに参加すると、そのコンポーネントは新たに参加したサーバに接続し、そのサーバからデータを読み出してローカルサーバに保存する処理をループで実行します。

internal/logディレクトリ内に、replicator.goという新たなファイルを作成し、次のレプリケーションのコードで書き始めます。

```
ServerSideServiceDiscovery/internal/log/replicator.go
package log

import (
    "context"
    "sync"

    "go.uber.org/zap"
    "google.golang.org/grpc"

    api "github.com/travisjeffery/proglog/api/v1"
)

type Replicator struct {
    DialOptions []grpc.DialOption
    LocalServer api.LogClient

    logger *zap.Logger

    mu      sync.Mutex
    servers map[string]chan struct{}
    closed  bool
    close   chan struct{}
}
```

レプリケータはgRPCクライアントを使って他のサーバに接続します。そして、サーバとの認証ができるようにgRPCクライアントを設定する必要があります。DialOptionsフィールドは、gRPCクライアントを設定するためのオプションとして渡します。serversフィールドは、サーバアドレスからチャネルへのマップです。これは、サーバが故障したりクラスタから離脱したりしたときに、レプリケータがサーバからのレプリケーションを停止するために使います。レプリケータはLocalServerのProduceメソッドを呼び出して、他のサーバから読み出したメッセージのコピーを保存します。

次のJoinメソッドをReplicator構造体宣言の後に追加します。

ServerSideServiceDiscovery/internal/log/replicator.go

```go
func (r *Replicator) Join(name, addr string) error {
    r.mu.Lock()
    defer r.mu.Unlock()
    r.init()

    if r.closed {
        return nil
    }

    if _, ok := r.servers[name]; ok {
        // すでにレプリケーションを行っているのでスキップ
        return nil
    }
    r.servers[name] = make(chan struct{})

    go r.replicate(addr, r.servers[name])

    return nil
}
```

Join(name, addr string) メソッドは、指定されたサーバをレプリケーション対象のサーバのリストに追加し、実際のレプリケーションロジックを実行するゴルーチンを起動します。

このコードの後に、次のレプリケーションロジックを含むreplicate(addr string, leave chan struct{}) メソッドを書きます。

ServerSideServiceDiscovery/internal/log/replicator.go

```go
func (r *Replicator) replicate(addr string, leave chan struct{}) {
    cc, err := grpc.Dial(addr, r.DialOptions...)
    if err != nil {
        r.logError(err, "failed to dial", addr)
        return
    }
    defer cc.Close()

    client := api.NewLogClient(cc)

    ctx := context.Background()
    stream, err := client.ConsumeStream(ctx,
        &api.ConsumeRequest{
            Offset: 0,
        },
    )
    if err != nil {
        r.logError(err, "failed to consume", addr)
```

```
            return
        }

        records := make(chan *api.Record)
        go func() {
            for {
                recv, err := stream.Recv()
                if err != nil {
                    r.logError(err, "failed to receive", addr)
                    return
                }
                records <- recv.Record
            }
        }()
```

このコードの大部分は、ストリームの書き込みと読み出しをテストしたときに見たものです。ここでは、gRPCクライアントを作成し、サーバ上のすべてのログを読み出すストリームをオープンしています。

次のコードを追加して、replicateメソッドを完成させます。

ServerSideServiceDiscovery/internal/log/replicator.go

```
        for {
            select {
            case <-r.close:
                return
            case <-leave:
                return
            case record := <-records:
                _, err = r.LocalServer.Produce(ctx,
                    &api.ProduceRequest{
                        Record: record,
                    },
                )
                if err != nil {
                    r.logError(err, "failed to produce", addr)
                    return
                }
            }
        }
    }
```

このループは、見つかったサーバからのログをストリームから読み出し、ローカルサーバに書き込んでコピーを保存します。他のサーバからのメッセージを、そのサーバが故障するかクラスタを離れるまで複製し、レプリケータがそのサーバのチャネルをクローズすると、ループから抜けてreplicateメソッドを実行しているゴルーチンは終了します。他のサーバがクラスタから離脱したというイベントをSerfが受け取ると、レプリケータはチャネルを閉じ、ローカルサーバはLeave

メソッド（この後のコード）を呼び出します。

replicateメソッドの後に、次のLeave(name string)メソッドを書きます。

ServerSideServiceDiscovery/internal/log/replicator.go

```go
func (r *Replicator) Leave(name string) error {
    r.mu.Lock()
    defer r.mu.Unlock()
    r.init()
    if _, ok := r.servers[name]; !ok {
        return nil
    }
    close(r.servers[name])
    delete(r.servers, name)
    return nil
}
```

この Leave(name string) メソッドは、サーバがクラスタから離脱する際に、レプリケートするサーバのリストから離脱するサーバを削除し、そのサーバに関連付けられたチャネルを閉じます。チャネルをクローズすることで、replicateメソッドを実行しているゴルーチンに、そのサーバからのレプリケーションを停止するように通知します。

Leaveメソッドの後に、次のinitヘルパーメソッドを追加します。

ServerSideServiceDiscovery/internal/log/replicator.go

```go
func (r *Replicator) init() {
    if r.logger == nil {
        r.logger = zap.L().Named("replicator")
    }
    if r.servers == nil {
        r.servers = make(map[string]chan struct{})
    }
    if r.close == nil {
        r.close = make(chan struct{})
    }
}
```

このinitヘルパーメソッドを使って、サーバのマップを遅延初期化しています。構造体は、遅延初期化を使って有用なゼロ値を与えるべきです[6]。有用なゼロ値を持つことで、同じ機能を維持しながらAPIの大きさと複雑さを減らせます。有用なゼロ値がなければ、ユーザが呼び出すためのレプリケータのコンストラクタ関数を提供するか、ユーザが設定するためのReplicator構造体のserversフィールドを公開する必要があります。それでは、ユーザが学習すべきAPIを増やし、構造体を使う前にコードを書くことが必要となってしまいます。

---

†6　https://dave.cheney.net/2013/01/19/what-is-the-zero-value-and-why-is-it-useful

Closeメソッドを実装している次のコードを追加します。

ServerSideServiceDiscovery/internal/log/replicator.go

```go
func (r *Replicator) Close() error {
    r.mu.Lock()
    defer r.mu.Unlock()
    r.init()

    if r.closed {
        return nil
    }
    r.closed = true
    close(r.close)
    return nil
}
```

　Closeはレプリケータを閉じて、クラスタに参加する新たなサーバのデータをレプリケーションしないように、replicateメソッドを実行しているゴルーチンを終了させて既存のサーバのレプリケーションを停止します。

　エラーを処理するために追加する最後のヘルパーメソッドがあります。次のlogError(err error, msg, addr string) メソッドを最後に追加します。

ServerSideServiceDiscovery/internal/log/replicator.go

```go
func (r *Replicator) logError(err error, msg, addr string) {
    r.logger.Error(
        msg,
        zap.String("addr", addr),
        zap.Error(err),
    )
}
```

　このメソッドでは、他にエラーの使い道がないので、コードを短く簡単にするために、エラーを記録するだけです。ユーザがエラーにアクセスする必要がある場合、エラーを公開するのに使える技法は、errorのチャネルを公開して、ユーザが受信して処理できるようにエラーを送信することです。

　これで、レプリケータは終わりです。コンポーネントとしては、レプリケータ、メンバーシップ、ログ、サーバを揃えました。各サービスインスタンスは、これらのコンポーネントを設定し、接続しなければなりません。単純に短時間だけ実行されるプログラム用には、プログラムの実行を担当するRun関数を公開するrunパッケージを作ります。Rob PikeのIvyプロジェクト[†7]はこの方法で動いています。もっと複雑で長時間動作するサービスの場合、サービスを構成するさま

---

†7　https://github.com/robpike/ivy

ざまなコンポーネントやプロセスを管理する Agent 型を公開する agent パッケージを作ります。
HashiCorp 社の Consul[8]はそのような仕組みになっています。サービス用の Agent を書いてか
ら、ログ、サーバ、メンバーシップ、レプリケータをテストしてみましょう。

　internal/agent ディレクトリを作成し、agent.go というファイルを作成し、次のコードで書
き始めます。

ServerSideServiceDiscovery/internal/agent/agent.go

```go
package agent

import (
    "crypto/tls"
    "fmt"
    "net"
    "sync"

    "go.uber.org/zap"

    "google.golang.org/grpc"
    "google.golang.org/grpc/credentials"

    api "github.com/travisjeffery/proglog/api/v1"
    "github.com/travisjeffery/proglog/internal/auth"
    "github.com/travisjeffery/proglog/internal/discovery"
    "github.com/travisjeffery/proglog/internal/log"
    "github.com/travisjeffery/proglog/internal/server"
)

type Agent struct {
    Config

    log        *log.Log
    server     *grpc.Server
    membership *discovery.Membership
    replicator *log.Replicator

    shutdown     bool
    shutdowns    chan struct{}
    shutdownLock sync.Mutex
}
```

Agent はすべてのサービスインスタンス上で動作し、すべての異なるコンポーネントを設定して
接続します。その構造体は、Agent が管理する各コンポーネント（ログ、サーバ、メンバーシップ、
レプリケータ）を参照します。

　Agent の後に、次の Config 構造体と RPCAddr メソッドを追加します。

---

[8]　https://github.com/hashicorp/consul

```
ServerSideServiceDiscovery/internal/agent/agent.go
    type Config struct {
        ServerTLSConfig *tls.Config
        PeerTLSConfig   *tls.Config
        DataDir         string
        BindAddr        string
        RPCPort         int
        NodeName        string
        StartJoinAddrs  []string
        ACLModelFile    string
        ACLPolicyFile   string
    }

    func (c Config) RPCAddr() (string, error) {
        host, _, err := net.SplitHostPort(c.BindAddr)
        if err != nil {
            return "", err
        }
        return fmt.Sprintf("%s:%d", host, c.RPCPort), nil
    }
```

Agentはコンポーネントを設定するので、そのConfigはコンポーネントのパラメータを構成しており、コンポーネントに渡されます。

Configの後に、次のAgent生成関数を書きます。

```
ServerSideServiceDiscovery/internal/agent/agent.go
    func New(config Config) (*Agent, error) {
        a := &Agent{
            Config:    config,
            shutdowns: make(chan struct{}),
        }
        setup := []func() error{
            a.setupLogger,
            a.setupLog,
            a.setupServer,
            a.setupMembership,
        }
        for _, fn := range setup {
            if err := fn(); err != nil {
                return nil, err
            }
        }
        return a, nil
    }
```

New(Config)関数はAgentを作成し、エージェントのコンポーネントを設定して実行するための一連のメソッドを実行します。New関数を実行した後は、実行中の機能しているサービスがある

ことになります。これらの設定コードのほとんどは、各コンポーネントをテストしたときに見ましたので、ここでは簡単に説明します。

　最初に、次のsetupLoggerメソッドでロガーを設定します。New関数の後に、次のsetupLoggerメソッドを追加します。

ServerSideServiceDiscovery/internal/agent/agent.go

```go
func (a *Agent) setupLogger() error {
    logger, err := zap.NewDevelopment()
    if err != nil {
        return err
    }
    zap.ReplaceGlobals(logger)
    return nil
}
```

　そして、次のsetupLogメソッドでログを設定します。setupLoggerメソッドの後に、次のsetupLogメソッドを追加します。

ServerSideServiceDiscovery/internal/agent/agent.go

```go
func (a *Agent) setupLog() error {
    var err error
    a.log, err = log.NewLog(
        a.Config.DataDir,
        log.Config{},
    )
    return err
}
```

　setupServerメソッドでサーバを設定します。setupLogメソッドの後に、次のsetupServerメソッドを追加します。

ServerSideServiceDiscovery/internal/agent/agent.go

```go
func (a *Agent) setupServer() error {
    authorizer := auth.New(
        a.Config.ACLModelFile,
        a.Config.ACLPolicyFile,
    )
    serverConfig := &server.Config{
        CommitLog:  a.log,
        Authorizer: authorizer,
    }
    var opts []grpc.ServerOption
    if a.Config.ServerTLSConfig != nil {
        creds := credentials.NewTLS(a.Config.ServerTLSConfig)
        opts = append(opts, grpc.Creds(creds))
```

```
    }
    var err error
    a.server, err = server.NewGRPCServer(serverConfig, opts...)
    if err != nil {
        return err
    }
    rpcAddr, err := a.Config.RPCAddr()
    if err != nil {
        return err
    }
    ln, err := net.Listen("tcp", rpcAddr)
    if err != nil {
        return err
    }
    go func() {
        if err := a.server.Serve(ln); err != nil {
            _ = a.Shutdown()
        }
    }()
    return err
}
```

続いて、setupMembership メソッドでメンバーシップを設定します。setupServer メソッド
の後に、次の setupMembership メソッドを追加します。

ServerSideServiceDiscovery/internal/agent/agent.go

```
func (a *Agent) setupMembership() error {
    rpcAddr, err := a.Config.RPCAddr()
    if err != nil {
        return err
    }
    var opts []grpc.DialOption
    if a.Config.PeerTLSConfig != nil {
        opts = append(opts, grpc.WithTransportCredentials(
            credentials.NewTLS(a.Config.PeerTLSConfig),
        ),
        )
    }
    conn, err := grpc.Dial(rpcAddr, opts...)
    if err != nil {
        return err
    }
    client := api.NewLogClient(conn)
    a.replicator = &log.Replicator{
        DialOptions: opts,
        LocalServer: client,
    }
    a.membership, err = discovery.New(a.replicator, discovery.Config{
```

```
        NodeName: a.Config.NodeName,
        BindAddr: a.Config.BindAddr,
        Tags: map[string]string{
            "rpc_addr": rpcAddr,
        },
        StartJoinAddrs: a.Config.StartJoinAddrs,
    })
    return err
}
```

setupMembershipメソッドは、Replicatorを設定します。そのreplicatorは、他のサーバに接続するために必要なgRPCダイヤルオプションを持っています。そして、そのreplicatorが他のサーバに接続してそのデータを読み出し、そのデータのコピーをローカルサーバに書き込めるようにするためのクライアントも持っています。次に、サーバがクラスタに参加したり離脱したりしたときにreplicatorに通知するように、replicatorをハンドラとして渡してMembershipを作成します。

　以上で、エージェントの設定コードは終了です。New関数を呼び出すと、エージェントが実行されていることになります。ある時点で、エージェントをシャットダウンしたいので、ファイルの最後に、次のShutdownメソッドを追加します。

ServerSideServiceDiscovery/internal/agent/agent.go

```go
func (a *Agent) Shutdown() error {
    a.shutdownLock.Lock()
    defer a.shutdownLock.Unlock()
    if a.shutdown {
        return nil
    }
    a.shutdown = true
    close(a.shutdowns)

    shutdown := []func() error{
        a.membership.Leave,
        a.replicator.Close,
        func() error {
            a.server.GracefulStop()
            return nil
        },
        a.log.Close,
    }
    for _, fn := range shutdown {
        if err := fn(); err != nil {
            return err
        }
    }
    return nil
}
```

　この実装では、ユーザが Shutdown メソッドを何度も呼び出しても、エージェントは一度だけ
シャットダウンされます。そして、次の方法でエージェントとそのコンポーネントをシャットダウ
ンしています。

- メンバーシップから離脱することで、他のサーバはこのサーバがクラスタから離脱したこと
  を認識し、このサーバはディスカバリのイベントを受信しなくなります。
- レプリケータを閉じて、複製を続けないようにします。
- サーバをグレースフルに停止します。その処理は、新たなコネクションを受け付けないよう
  にして、保留中の RPC がすべて終了するまで待ちます。
- ログを閉じます。

　サービスに Serf を実装したので、サービスの複数のインスタンスを実行して、互いのサービスを
発見し、データを複製できます。サービスディスカバリとレプリケーションが機能していることを
確認し、「**8章　合意形成によるサービス連携**」（147ページ）で合意形成を構築する際に不具合を
起こさないようにするためにテストを書いてみましょう。

7.5　ディスカバリとサービス間のテスト

　サービスディスカバリとレプリケーションがサービス間で機能することをテストしてみましょ
う。三つのノードでクラスタを構成します。一つのサーバにレコードを書き込み、レプリケーショ
ンを行った他のサーバからのメッセージを読み出せるかを検証してみます。
　internal/agent ディレクトリに、agent_test.go というファイルを作成し、次のコードで書
き始めます。

ServerSideServiceDiscovery/internal/agent/agent_test.go
```
package agent_test

import (
    "context"
    "crypto/tls"
    "fmt"
    "os"
    "testing"
    "time"

    "github.com/stretchr/testify/require"
    "github.com/travisjeffery/go-dynaport"
    "google.golang.org/grpc"
    "google.golang.org/grpc/credentials"
```

```
    api "github.com/travisjeffery/proglog/api/v1"
    "github.com/travisjeffery/proglog/internal/agent"
    "github.com/travisjeffery/proglog/internal/config"
)
```

サービス間のテストでは多くのことが行われるので、それらを実現するには多くのインポートが必要です。

これで、次のコードで始まるテストを書けます。

ServerSideServiceDiscovery/internal/agent/agent_test.go

```
func TestAgent(t *testing.T) {
    serverTLSConfig, err := config.SetupTLSConfig(config.TLSConfig{
        CertFile:      config.ServerCertFile,
        KeyFile:       config.ServerKeyFile,
        CAFile:        config.CAFile,
        Server:        true,
        ServerAddress: "127.0.0.1",
    })
    require.NoError(t, err)

    peerTLSConfig, err := config.SetupTLSConfig(config.TLSConfig{
        CertFile:      config.RootClientCertFile,
        KeyFile:       config.RootClientKeyFile,
        CAFile:        config.CAFile,
        Server:        false,
        ServerAddress: "127.0.0.1",
    })
    require.NoError(t, err)
```

このコードは、セキュリティをテストするためのテストで使う証明書の設定を定義しています。serverTLSConfigは、クライアントに提供される証明書の設定を定義しています。また、peerTLSConfigは、サーバ間で提供される証明書の設定を定義し、サーバが相互に接続してレプリケーションできるようにします。

前述のコードの後に、次のコードを書いてクラスタを設定します。

ServerSideServiceDiscovery/internal/agent/agent_test.go

```
    var agents []*agent.Agent
    for i := 0; i < 3; i++ {
        ports := dynaport.Get(2)
        bindAddr := fmt.Sprintf("%s:%d", "127.0.0.1", ports[0])
        rpcPort := ports[1]

        dataDir, err := os.MkdirTemp("", "agent-test-log")
        require.NoError(t, err)
```

```go
        var startJoinAddrs []string
        if i != 0 {
            startJoinAddrs = append(
                startJoinAddrs,
                agents[0].Config.BindAddr,
            )
        }

        agent, err := agent.New(agent.Config{
            NodeName:        fmt.Sprintf("%d", i),
            StartJoinAddrs:  startJoinAddrs,
            BindAddr:        bindAddr,
            RPCPort:         rpcPort,
            DataDir:         dataDir,
            ACLModelFile:    config.ACLModelFile,
            ACLPolicyFile:   config.ACLPolicyFile,
            ServerTLSConfig: serverTLSConfig,
            PeerTLSConfig:   peerTLSConfig,
        })
        require.NoError(t, err)

        agents = append(agents, agent)
    }
    defer func() {
        for _, agent := range agents {
            err := agent.Shutdown()
            require.NoError(t, err)
            require.NoError(t,
                os.RemoveAll(agent.Config.DataDir),
            )
        }
    }()
    time.Sleep(3 * time.Second)
```

　このコードでは、三つのノードのクラスタを設定します。二つ目と三つ目のノードは、一つ目の
ノードのクラスタに参加します。

　サービスに設定するアドレスが二つ（RPCアドレスとSerfアドレス）になったことと、テスト
を一つのホストで実行するため、二つのポートが必要です。net.Listen[†9]でリスナーに自動的
に割り当てられたポートを取得するために、「4.7　gRPCサーバとクライアントのテスト」（71
ページ）で0番ポートの技法を使いましたが、今回はリスナーなしでポート番号だけが欲しいので、
dynaportライブラリを使って、必要な二つのポート番号を割り当てています。一つはgRPCログ
のコネクション用、もう一つはSerfサービスディスカバリのコネクション用です。

　エージェントが正常にシャットダウンしたことを確認し、テストデータを削除するために、テス
トの後に実行される関数呼び出しを遅延します。ノードが互いを発見する時間を確保するため、テ

---

†9　https://pkg.go.dev/net#Listen

ストを数秒間スリープさせます。

　これでクラスタができたので、動作確認をしてみましょう。前述のコードの後に、次のコードを
書きます。

```
        leaderClient := client(t, agents[0], peerTLSConfig)
        produceResponse, err := leaderClient.Produce(
            context.Background(),
            &api.ProduceRequest{
                Record: &api.Record{
                    Value: []byte("foo"),
                },
            },
        )
        require.NoError(t, err)
        consumeResponse, err := leaderClient.Consume(
            context.Background(),
            &api.ConsumeRequest{
                Offset: produceResponse.Offset,
            },
        )
        require.NoError(t, err)
        require.Equal(t, consumeResponse.Record.Value, []byte("foo"))
```

　このコードは、「4.7　gRPC サーバとクライアントのテスト」（71 ページ）の
testProduceConsume テストケースと同じで、　つのノードに対して書き込み、そのノード
から読み出せることを検査しています。次に、別のノードがレコードを複製したかどうかを検査す
る必要があります。そのために、前述のコードの後に、次のコードを書きます。

```
        // レプリケーションが完了するまで待つ
        time.Sleep(3 * time.Second)

        followerClient := client(t, agents[1], peerTLSConfig)
        consumeResponse, err = followerClient.Consume(
            context.Background(),
            &api.ConsumeRequest{
                Offset: produceResponse.Offset,
            },
        )
        require.NoError(t, err)
        require.Equal(t, consumeResponse.Record.Value, []byte("foo"))
    }
```

レプリケーションはサーバ間で非同期に動作するため、あるサーバに書き込まれたログがすぐ

にはレプリカサーバで利用できません。そのため、1台目のサーバにメッセージが書き込まれてから、2台目のサーバにレプリケーションされるまでに遅延が発生します。この問題を解決するための「間抜けでシンプル」[†10]な方法は、（特に私たちはブラックボックステスト[†11]をしているので）レプリカサーバがメッセージを複製するのに十分に長い遅延をテストに加えることです。しかし、テストを高速に保つには遅延をできる限り小さくします。そして、複製されたメッセージを読み出せるかどうかを検査しています。

スリープしすぎると、テストが遅くなる

　このような遅延が必要なテストケースが多くある場合、最終的にはテストの実行速度が遅くなってしまい、実行するのが面倒になってしまいます。その場合、別の技法を使うことになります。たとえば、テストでの検査をループで再試行し、その間にわずかな遅延を設けて数秒後にタイムアウトさせることができます。あるいは、サーバがメッセージを生成したときにそのことを通知するイベントチャネルを公開することもできます。そして、テストでそのチャネルからのイベント受信を待って、二つ目のサーバがメッセージを複製した瞬間にテストを続行します。

最後に、サービスのクライアントを設定する`client`ヘルパーを書く必要があります。

ServerSideServiceDiscovery/internal/agent/agent_test.go

```go
func client(
    t *testing.T,
    agent *agent.Agent,
    tlsConfig *tls.Config,
) api.LogClient {
    tlsCreds := credentials.NewTLS(tlsConfig)
    opts := []grpc.DialOption{grpc.WithTransportCredentials(tlsCreds)}
    rpcAddr, err := agent.Config.RPCAddr()
    require.NoError(t, err)

    conn, err := grpc.Dial(rpcAddr, opts...)
    require.NoError(t, err)

    client := api.NewLogClient(conn)
    return client
}
```

では、`make test`でテストを実行してみましょう。うまくいけば、テストは合格し、データを複製できる分散サービスが正式に完成したことになります。おめでとうございます。

---

†10　https://ja.wikipedia.org/wiki/KISSの原則
†11　https://ja.wikipedia.org/wiki/ブラックボックステスト

7.6　学んだこと

　サーバが他のサーバを発見すると、互いのデータを複製します。それは、私たちのレプリケーション実装では問題です。つまり、あるサーバが他のサーバを発見すると、互いのデータを複製してしまうという循環が発生します。それを確認するには、テストの最後に次のコードを追加します。

```
consumeResponse, err = leaderClient.Consume(
    context.Background(),
    &api.ConsumeRequest{
        Offset: produceResponse.Offset + 1,
    },
)
require.Nil(t, consumeResponse)
require.Error(t, err)
got := status.Code(err)
want := status.Code(api.ErrOffsetOutOfRange{}.GRPCStatus().Err())
require.Equal(t, got, want)
```

　私たちのサービスに対して一つのレコードしか生成していませんが、もとのサーバから複数のレコードを消費できてしまいます。これは、もとのサーバからデータを複製した別のサーバをもとにデータを再び複製したからです。

　リーダーとフォロワーの関係を定義して、フォロワーだけがリーダーを複製するように、サーバを連携させることを次の章では計画していると述べました。また、レプリカサーバの数を制御します。通常、本番環境では、三つのレプリカサーバが理想的です。二つのレプリカサーバを失ってもデータを失うことはありませんし、三つあれば必要以上のデータを保存することもありません。

　そこで、Raftを使って合意形成を行い、クラスタ内のノードを連携させる作業を行いましょう。

8章
合意形成によるサービス連携

　分散サービスは業務用厨房のようなものです。コンロが一つ、料理人が1人の小さなレストランがオープンしたとします。お客さんがこのレストランを知り、友達に教えてくれて、商売は大繁盛します。しかし、厨房は客の多さに苦戦し、時には、コンロが壊れて夜の閉店を余儀なくされ、ビジネスに支障をきたします。そこで、レストランは料理人を2人増員し、コンロも2台購入します。これで、料理人は注文を処理できますが、間違いを犯してしまいます。前菜とメインディッシュを間違えたり、テーブルを間違えたり、一つの注文を倍にして別の注文を忘れたりします。つまり、協調性に欠けています。そこで、厨房を統括するシェフを雇います。注文が入ると、シェフは注文を分けて、前菜、メイン、デザートをそれぞれの料理人に割り当て、料理人は速やかに正確に料理を作ります。迅速で質の高いサービスがお客さんに支持され、そのレストランは世界的に有名になっていきます。

　この章では、分散サービスのシェフである合意形成（*consensus*）を取り上げます。合意形成アルゴリズムは、分散サービスが障害に直面しようとも、共有状態に合意するために使われるツールです。「7.4　発見されたサービスにリクエストし、ログをレプリケーションする」（130ページ）では、サービスにレプリケーションを素朴に実装していましたが、サーバは同じデータを無限にコピーする循環に陥って、互いを複製していました。サーバをリーダーとフォロワーの関係にして、フォロワーがリーダーのデータを複製するようにする必要があります。この章では、リーダー選出とレプリケーションにRaftを使って、それを行います。

8.1　Raftとその仕組み

　Raftは分散合意形成アルゴリズムであり、理解しやすく、実装しやすいように設計されています。これは、Kubernetes、Consul、そして将来的にはKafkaが使う、分散キー・バリュー・ストアであるEtcdのようなサービスを支える合意形成アルゴリズムです。KafkaのチームはZooKeeper

からRaftに移行中です[†1]。Raftは理解しやすく、実装するのも簡単なため、開発者は多くのプロジェクトで使われる高品質なRaftライブラリを多数作成し、現在最も広く導入されている合意形成アルゴリズムとなっています。

まず、Raftのリーダー選出について説明し、次にそのレプリケーションについて説明し、そして、私たちのサービスにおけるレプリケーションのコーディングに移ります。

8.1.1　リーダー選出

Raftクラスタにはリーダーが1人いて、残りのサーバはフォロワーです。リーダーはフォロワーに、実質的に「私はまだここにいて、私がボスだ」ということを意味するハートビート（*heartbeat*）リクエストを送ることでリーダーであり続けます。フォロワーがリーダーからのハートビートリクエストを待ち続けてタイムアウトした場合、そのフォロワーは候補者となり、次のリーダーを決めるための選出が始まります。候補者は自分に投票した後、フォロワーに投票を依頼します。つまり、「ボスがいなくなった。俺が新たなボスだ」と主張するわけです。その候補者が過半数の票を得た場合にリーダーとなり、フォロワーにハートビートリクエストを送ってリーダーとしての立場を確立します。つまり、「みんな、私が新たなボスだ」です。

フォロワーは、リーダーのハートビートを待っている間にタイムアウトすると同時に、候補者になることができます。フォロワーは自分たちで選出を行いますが、選出では票が分散して新たなリーダーが選ばれないかもしれません。そうすると、フォロワーは、また選出を行います。候補者たちは、新たにリーダーになる勝者が出るまで選出を行います。

すべてのRaftサーバは**ターム**（*term*）を持っています。これは単調に増加する整数で、そのサーバはどれだけ権威があり、最新であるかを他のサーバに伝えるものです。サーバのタームは論理的な時計の役割を果たします。これは、リアルタイムの時計が信頼できず重要ではない分散システムにおいて、時系列の関係や因果関係を把握するための方法です。候補者が選出を開始するたびに、候補者は自分のタームに1を加算します。候補者が選出に勝ってリーダーになると、フォロワーも一致するようにタームを更新し、次の選出までタームは変わりません。サーバは、候補者のタームが投票者のタームよりも大きい場合に限り、最初に投票を要求した候補者に対して、1タームにつき1回投票します。これらの条件により、票の分散を防ぎ、投票者が最新のリーダーを選ぶことを保証しています。

ユースケースによっては、リーダー選出のためだけにRaftを使うかもしれません。たとえば、ジョブシステムを構築したとします。そのジョブシステムでは、実行すべきジョブのデータベースがあり、1秒ごとにデータベースに問い合わせて実行すべきジョブがあるかどうかを確認し、ジョブがあれば実行するプログラムもあります。このジョブシステムを、可用性が高く、障害にも強いものにしたいので、ジョブ実行プログラムのインスタンスを複数走らせます。しかし、すべての

[†1]　https://cwiki.apache.org/confluence/display/KAFKA/KIP-500:+Replace+ZooKeeper+with+a+Self-Managed+Metadata+Quorum

ジョブ実行プログラムが同時に実行し、作業が重複することは避けたいです。そこで、Raftを使ってリーダーを選出し、そのリーダーだけがジョブを実行し、リーダーが失敗した場合、Raftが新たなリーダーを選出してジョブを実行します。ほとんどのユースケースでは、リーダー選出と、状態の合意形成を得るためのレプリケーションの両方でRaftが利用されています。

Raftのリーダー選出はそれだけでも有用ですが、通常は、フォロワーにログをレプリケーションし、ログデータで何かを行う責任のあるリーダーを選ぶことが重要です。Raftでは、合意形成はリーダー選出とログのレプリケーションの二つに分かれます。ここでは、Raftでのレプリケーションがどのように機能するのかについて説明します。

8.1.2　ログのレプリケーション

リーダーは、クラスタ全体で実行する何らかのコマンドを表すクライアントからのリクエストを受け付けます（たとえば、キーバリュー（*key-value*）サービスでは、キーの値を割り当てるコマンドになります）。各リクエストに対して、リーダーは自分のログにコマンドを追加し、フォロワーにもそのコマンドをログに追加するように要求します。フォロワーの過半数がコマンドを複製した後、つまりコマンドがコミットされたとリーダーが判断したときに、リーダーは有限ステートマシンでコマンドを実行し、その結果をクライアントに返信します。リーダーはコミットされた最大のオフセットを追跡し、そのオフセットの値をフォロワーへのリクエストで送信します。フォロワーはリクエストを受け取ると、コミットされた最大のオフセットまでのすべてのコマンドを有限ステートマシンで実行します。すべてのRaftサーバは、各コマンドの処理方法を定義した同じ有限ステートマシンを実行します。

レプリケーションにより、サーバが故障したときにデータを失わずに済みます。レプリケーションには費用対効果があります。保険と同じように、レプリケーションには費用がかかります（複雑さ、ネットワーク帯域、データストレージ）。しかし、サーバが故障したときに複製されたデータを処理できるという効果があるため、サーバが稼働している間の費用を支払う価値があります。Raftのリーダーは、ほとんどのフォロワーに対してレプリケーションを行い、フォロワーの過半数が故障しない限り、データを失うことがないようにしています。

Raftクラスタで推奨されるサーバ数は3台と5台です。3台のRaftクラスタでは1台のサーバの障害を許容し、5台のクラスタでは2台のサーバの障害を許容します。奇数のクラスタサイズを推奨しているのは、Nがクラスタのサーバ数だとすると、Raftが(N-1)/2の障害に対応できるからです。仮に4台のサーバを持つクラスタの場合、1台のサーバが失われても3台のサーバを持つクラスタと同じように対処できます。つまり、耐障害性を向上させないのに、追加のサーバの費用を払うことになります。大規模なクラスタのために、CockroachDBはRaft上にMultiRaft[2]というレイヤを書きました。それはデータベースのデータをある大きさの範囲に分割し、それぞれの範囲に独自の合意形成グループを持たせるものです。この本では、私たちのプロジェクトをシンプルにす

---

[2]　https://www.cockroachlabs.com/blog/scaling-raft

るために、単一のRaftクラスタを使います。

　私たちのサービスのユースケースは、ログを複製することが最終目的であるという点でユニーク
です。Raftのアルゴリズムはログを複製するので、ログの管理をすべてRaftの内部に任せることが
できます。任せることで、私たちのサービスが効率的になり、コードも簡単になります。しかし、
分散ログではない分散サービスを構築するためのRaftの使い方は学べません。

　他のサービスでは、コマンドのログを複製して、そのコマンドをステートマシンで実行する手段
としてRaftを使います。分散SQLデータベースを構築するのなら、InsertとUpdateのSQLコマン
ドを複製して実行します。キー・バリュー・ストアを構築するのなら、Setコマンドを複製して実
行します。他のサービスでは、ログを複製するのは目的ではなく手段なので、他の種別のサービス
と同じように、変換コマンド（私たちのサービスでは追加コマンド）を複製することで、サービス
を構築します。技術的には、二つのログを複製します。すなわち、Raftのコマンドを含むログと、
それらのコマンドを適用した有限ステートマシンから得られるログです。私たちのサービスは最適
化されていないかもしれませんが、他のサービスを構築する際にも役立つことを学びます。

8.2　サービスにRaftを実装

　ここまでで、1台のコンピュータでレコードの書き込みと読み出しができるログを実装していま
す。複数のコンピュータにレプリケーションされる分散ログが欲しいので、サービスにRaftを実装
してみましょう。

　次のコマンドを実行してRaftをインストールしてください。

```
$ go get github.com/hashicorp/raft@v1.3.6
$ # Go 1.14以降に対する修正を含むBen JohnsonのBolt key/value store
$ # のetcdのフォーク版を使う
$ go mod edit -replace github.com/hashicorp/raft-boltdb=\
github.com/travisjeffery/raft-boltdb@v1.0.0
```

　internal/logディレクトリに、distributed.goファイルを作成し、次のコードで書き始め
ます。

CoordinateWithConsensus/internal/log/distributed.go

```go
package log

import (
    "bytes"
    "crypto/tls"
    "fmt"
    "io"
    "net"
    "os"
    "path/filepath"
```

```
    "time"

    raftboltdb "github.com/hashicorp/raft-boltdb"
    "google.golang.org/protobuf/proto"

    "github.com/hashicorp/raft"

    api "github.com/travisjeffery/proglog/api/v1"
)

type DistributedLog struct {
    config  Config
    log     *Log
    raftLog *logStore
    raft    *raft.Raft
}

func NewDistributedLog(dataDir string, config Config) (
    *DistributedLog,
    error,
) {
    l := &DistributedLog{
        config: config,
    }
    if err := l.setupLog(dataDir); err != nil {
        return nil, err
    }
    if err := l.setupRaft(dataDir); err != nil {
        return nil, err
    }
    return l, nil
}
```

このコードでは、分散ログの型（`DistributedLog`）とそれを作成する関数を定義しています。
`NewDistributedLog`関数は、処理をこの後すぐに書く設定メソッドに任せています。`log`パッ
ケージは、以前に作成した単一サーバでの複製を行わないログと、Raftで作成した分散複製ログを
含むことになります。

`NewDistributedLog`の後に、次の`setupLog`メソッドを書いてください。

CoordinateWithConsensus/internal/log/distributed.go

```
func (l *DistributedLog) setupLog(dataDir string) error {
    logDir := filepath.Join(dataDir, "log")
    if err := os.MkdirAll(logDir, 0755); err != nil {
        return err
    }
    var err error
    l.log, err = NewLog(logDir, l.config)
```

```
        return err
    }
```

setupLog(dataDir string) メソッドは、このサーバのログストアを作成し、そこにユーザの
レコードを保存します。

8.2.1 Raftの設定

Raftのインスタンスは、次の要素から構成されます。

- Raftが与えられたコマンドを適用する有限ステートマシン。
- Raftがそれらのコマンドを保存するログストア（*log store*）。
- Raftがクラスタの構成（クラスタ内のサーバ、アドレスなど）を保存する安定ストア（*stable store*）。
- Raftがデータのコンパクトなスナップショットを保存するスナップショットストア（*snapshot store*）。
- Raftが他のRaftサーバと接続するために使うトランスポート。

Raftのインスタンスを作成するために、これらを設定する必要があります。setupLog メソッド
の後に、次の setupRaft メソッドを追加します。

```
CoordinateWithConsensus/internal/log/distributed.go
func (l *DistributedLog) setupRaft(dataDir string) error {
    var err error

    fsm := &fsm{log: l.log}

    logDir := filepath.Join(dataDir, "raft", "log")
    if err := os.MkdirAll(logDir, 0755); err != nil {
        return err
    }
    logConfig := l.config
    logConfig.Segment.InitialOffset = 1
    l.raftLog, err = newLogStore(logDir, logConfig)
    if err != nil {
        return err
    }
```

setupRaft(dataDir string) メソッドは、サーバの設定を行って、Raftのインスタンスを作
成します。

まず、このファイルの後半で実装するFSM（*finite-state machine*：有限ステートマシン）を作成
します。

　そして、Raftのログストアを作成し、「3.3.1　ストアのコーディング」（26ページ）で書いた独自のログを使います。Raftの要件に従って、ログの初期オフセットを1に設定します。Raftは特定のログインタフェースが必要なので、私たちのログの実装を保持して、そのAPIを提供するものを用意します（そのコードは、この後すぐに書きます）。

```
CoordinateWithConsensus/internal/log/distributed.go
    stableStore, err := raftboltdb.NewBoltStore(
        filepath.Join(dataDir, "raft", "stable"),
    )
    if err != nil {
        return err
    }

    retain := 1
    snapshotStore, err := raft.NewFileSnapshotStore(
        filepath.Join(dataDir, "raft"),
        retain,
        os.Stderr,
    )
    if err != nil {
        return err
    }

    maxPool := 5
    timeout := 10 * time.Second
    transport := raft.NewNetworkTransport(
        l.config.Raft.StreamLayer,
        maxPool,
        timeout,
        os.Stderr,
    )
```

　安定ストアはキー・バリュー・ストアであり、Raftは、サーバの現在のタームやサーバが投票した候補といった、重要なメタデータを保存します。Bolt[†3]は、私たちが安定ストアとして使ってきたGo用の組み込み型永続化キー・バリュー・データベースです。

　次に、Raftのスナップショットストアを設定します。Raftのスナップショットは、必要なときに効率的にデータを復旧するためのものです。たとえば、サーバのEC2インスタンス[†4]が故障し、オートスケーリンググループ（*autoscaling group*）がRaftサーバ用に別のインスタンスを立ち上げた場合などです。Raftリーダーからすべてのデータをストリーミングするのではなく、新たなサーバはスナップショット（S3や同様のストレージサービスに保存できます）から復元し、リーダーから最新の変更点を取得します。これは効率的でリーダーへの負担も少ないです。スナップショット

---

†3　https://github.com/boltdb/bolt
†4　https://aws.amazon.com/jp/ec2/

を頻繁に行い、スナップショット内のデータとリーダー上のデータの差異を最小にしたいわけです。retain変数で、一つのスナップショットを保持することを指定しています。

　ストリームレイヤを内包する低レベルのストリーム抽象化を提供するトランスポートを作成します（私たち自身のストリームレイヤの実装は「8.2.4　ストリームレイヤ」（163ページ）で書きます）。

```
CoordinateWithConsensus/internal/log/distributed.go
        config := raft.DefaultConfig()
        config.LocalID = l.config.Raft.LocalID
        if l.config.Raft.HeartbeatTimeout != 0 {
            config.HeartbeatTimeout = l.config.Raft.HeartbeatTimeout
        }
        if l.config.Raft.ElectionTimeout != 0 {
            config.ElectionTimeout = l.config.Raft.ElectionTimeout
        }
        if l.config.Raft.LeaderLeaseTimeout != 0 {
            config.LeaderLeaseTimeout = l.config.Raft.LeaderLeaseTimeout
        }
        if l.config.Raft.CommitTimeout != 0 {
            config.CommitTimeout = l.config.Raft.CommitTimeout
        }
```

　configのLocalIDフィールドはこのサーバの一意なIDで、これが唯一設定しなければならないconfigのフィールドです。残りはオプションで、通常の運用ではデフォルトの設定で問題はありません。

　テストを速くするために、いくつかのタイムアウト設定の上書きをサポートし、Raftの動作を速くしています。たとえば、リーダーをシャットダウンするとき、選出を1秒以内に終了させたいのですが、本番環境ではネットワークの遅延を処理するために、長いタイムアウトが必要になります。

　次のコードを追加して、Raftインスタンスを作成し、クラスタをブートストラップ（起動）します。

```
CoordinateWithConsensus/internal/log/distributed.go
        l.raft, err = raft.NewRaft(
            config,
            fsm,
            l.raftLog,
            stableStore,
            snapshotStore,
            transport,
        )
        if err != nil {
            return err
        }
```

```
    hasState, err := raft.HasExistingState(
        l.raftLog,
        stableStore,
        snapshotStore,
    )
    if err != nil {
        return err
    }
    if l.config.Raft.Bootstrap && !hasState {
        config := raft.Configuration{
            Servers: []raft.Server{{
                ID:      config.LocalID,
                Address: transport.LocalAddr(),
            }},
        }
        err = l.raft.BootstrapCluster(config).Error()
    }
    return err
}
```

　Raftの設定をサポートするために、`internal/log/config.go`にあるログの`Config`構造体に、次の矢印の行を追加します。

CoordinateWithConsensus/internal/log/config.go

```
package log

import (                                      ◄
    "github.com/hashicorp/raft"               ◄
)                                             ◄

type Config struct {
    Raft struct {                             ◄
        raft.Config                           ◄
        StreamLayer *StreamLayer              ◄
        Bootstrap   bool                      ◄
    }                                         ◄
    Segment struct {
        MaxStoreBytes uint64
        MaxIndexBytes uint64
        InitialOffset uint64
    }
}
```

　一般的には、自分自身を唯一の投票者として設定されたサーバをブートストラップし、それがリーダーになるまで待ちます。その後、リーダーにサーバを追加するように指示します。後で追加されたサーバはブートストラップしません。これでRaftの設定は終了です。この後、`DistributedLog`の構築を続けます。

8.2.2　ログ API

　ここまでで、DistributedLogを設定するコードを書きました。次に、ログにレコードを追加したり、ログからレコードを読み出したりして、Raftを内包する公開APIを書きます。互換性を持たせるために、DistributedLogにはLog型と同じAPIを持たせます。

　setupRaftメソッドの後に、次のAppendメソッドを追加します。

CoordinateWithConsensus/internal/log/distributed.go
```go
func (l *DistributedLog) Append(record *api.Record) (uint64, error) {
    res, err := l.apply(
        AppendRequestType,
        &api.ProduceRequest{Record: record},
    )
    if err != nil {
        return 0, err
    }
    return res.(*api.ProduceResponse).Offset, nil
}
```

　Append(record *api.Record)は、ログにレコードを追加します。このサーバのログに直接レコードを追加した「3.3.1　ストアのコーディング」（26ページ）とは異なり、レコードをログに追加するようにFSMに指示するコマンド（コマンドとしてProduceRequestを再利用）を適用するように、Raftに指示します。Raftは「8.1.2　ログのレプリケーション」（149ページ）で説明した処理を実行し、Raftサーバの大部分に対してコマンドを複製し、最終的にRaftサーバの大部分にレコードを追加することになります。

　Appendメソッドの後に、次のapplyメソッドを追加します。

CoordinateWithConsensus/internal/log/distributed.go
```go
func (l *DistributedLog) apply(reqType RequestType, req proto.Message) (
    interface{},
    error,
) {
    var buf bytes.Buffer
    _, err := buf.Write([]byte{byte(reqType)})
    if err != nil {
        return nil, err
    }
    b, err := proto.Marshal(req)
    if err != nil {
        return nil, err
    }
    _, err = buf.Write(b)
    if err != nil {
        return nil, err
```

```
        }
        timeout := 10 * time.Second
        future := l.raft.Apply(buf.Bytes(), timeout)
        if future.Error() != nil {
            return nil, future.Error()
        }
        res := future.Response()
        if err, ok := res.(error); ok {
            return nil, err
        }
        return res, nil
    }
```

apply(reqType RequestType, req proto.Message) メソッドは、RaftのAPIを内包して
いて、リクエストを適用し、そのレスポンスを返します。RequestType型の値はAppendRequest
Typeのみですが、複数の種別のリクエストに簡単に対応できるようにコードを書いています。そ
うすることで、さまざまなリクエストがある場合のサービスの設定方法を示しています。applyメ
ソッドでは、リクエスト種別（reqType）とリクエスト（req）を[]byteへマーシャルして、Raft
が複製するレコードのデータとして使っています。l.raft.Apply(buf.Bytes(), timeout)の
呼び出しは、「8.1.2　ログのレプリケーション」（149ページ）で説明した手順を実行して、レ
コードを複製してリーダーのログにレコードを追加するといった処理を行っています。

future.Error() APIは、Raftのレプリケーションに何か問題が発生した場合、エラーを返し
ます。たとえば、Raftがコマンドを処理するのに時間がかかりすぎた場合や、サーバがシャットダ
ウンしてしまった場合などです。future.Error() APIは、そのような場合にエラーを返します。
しかし、future.Error() APIは、サービスのエラーは返しません。future.Response() API
は、FSMのApplyメソッドが返したものを返します。Goの複数の戻り値を使ってエラーを別にし
て返す慣例とは異なり、Raftは単一の値を返します。applyメソッドでは、その値がエラーである
かどうかを型アサーションで検査しています。

applyメソッドの後に、次のReadメソッドを追加します。

CoordinateWithConsensus/internal/log/distributed.go

```
    func (l *DistributedLog) Read(offset uint64) (*api.Record, error) {
        return l.log.Read(offset)
    }
```

Read(offset uint64) メソッドは、サーバのログからオフセットで指定されたレコードを読
み出します。緩やかな一貫性（*relaxed consistency*）でよいのなら、読み出し操作はRaftを経由す
る必要はありません。強い一貫性（*strong consistency*）が必要な場合、読み出しは書き込みに対し
て最新でなければならないので、Raftを経由しなければなりません。しかし、その場合、読み出し
効率が悪くなり、時間がかかってしまいます。

8.2.3　有限ステートマシーン

　Raftは、ビジネスロジックの実行をFSM（*Finite-State Machine*：有限ステートマシン）に委ねます。先ほどのコードの後に、次の`fsm`型を定義します。

```
CoordinateWithConsensus/internal/log/distributed.go
```
```
var _ raft.FSM = (*fsm)(nil)

type fsm struct {
    log *Log
}
```

　FSMは、自身が管理するデータにアクセスする必要があります。私たちのサービスでは、そのデータはログであり、FSMはログにレコードを追加します。もし、キー・バリュー・サービスを書いているのなら、FSMは、整数、マップ、Postgresなどの、ストアに何を使っているのかに応じて更新することになります。

　私たちのFSMは、次の三つのメソッドを実装しなければなりません。

- `Apply(record *raft.Log)`：Raftは、ログエントリをコミットした後にこのメソッドを呼び出します。
- `Snapshot()`：Raftは定期的にこのメソッドを呼び出して、状態のスナップショットを取っています。ほとんどのサービスでは、コンパクトにまとめたログを構築できます。たとえば、キー・バリュー・ストアを構築していて、「set foo to bar」「set foo to baz」「set foo to qux」といったコマンドがたくさんある場合、現在の状態を復元するには最後のコマンドだけを設定することになります。私たちのサービスは、ログそのものを複製しているので、復元するには完全なログが必要です。
- `Restore(io.ReadCloser)`：RaftはスナップショットからFSMを復元するためにこのコマンドを呼び出します。たとえば、EC2インスタンスに障害が発生し、新たなインスタンスがその代わりを務めるような場合です。

　`fsm`型の後に、`Apply`メソッドを実装している次のコードを書きます。

```
CoordinateWithConsensus/internal/log/distributed.go
```
```
type RequestType uint8

const (
    AppendRequestType RequestType = 0
)

func (l *fsm) Apply(record *raft.Log) interface{} {
```

```
    buf := record.Data
    reqType := RequestType(buf[0])
    switch reqType {
    case AppendRequestType:
        return l.applyAppend(buf[1:])
    }
    return nil
}

func (l *fsm) applyAppend(b []byte) interface{} {
    var req api.ProduceRequest
    err := proto.Unmarshal(b, &req)
    if err != nil {
        return err
    }
    offset, err := l.log.Append(req.Record)
    if err != nil {
        return err
    }
    return &api.ProduceResponse{Offset: offset}
}
```

前述したように、私たちのサービスでは複製するコマンドは一つだけですが、複数のコマンドに
対応できるようなものを開発し、みなさんのプロジェクトのためにその方法を示したいです。そこ
で、このコードでは、独自のリクエスト種別を作成し、AppendRequestTypeを定義しています。
Raftに適用するためのリクエストを送るとき、そしてFSMのApplyメソッドでリクエストを読み
込んで適用するとき、リクエスト種別はリクエストを識別してそれをどのように処理するのかを示
します。Applyでは、リクエスト種別で切り分けて、コマンドを実行するロジックを含む対応する
メソッドを呼び出しています。applyAppend([]byte)メソッドでは、リクエストをアンマーシャ
ルしてから、ローカルのログにレコードを追加しています。そして、DistributedLog.Append
で返された値を、raft.Applyの呼び出しもとに返すためのRaftのレスポンスを返しています。
　applyAppendメソッドの後に、スナップショットをサポートするための次のコードを書きます。

CoordinateWithConsensus/internal/log/distributed.go
```
func (f *fsm) Snapshot() (raft.FSMSnapshot, error) {
    r := f.log.Reader()
    return &snapshot{reader: r}, nil
}

var _ raft.FSMSnapshot = (*snapshot)(nil)

type snapshot struct {
    reader io.Reader
}
```

```go
func (s *snapshot) Persist(sink raft.SnapshotSink) error {
    if _, err := io.Copy(sink, s.reader); err != nil {
        _ = sink.Cancel()
        return err
    }
    return sink.Close()
}
func (s *snapshot) Release() {}
```

Snapshotは、FSMの状態のポイント・イン・タイム・スナップショット（*point-in-time snapshot*）を表すFSMSnapshotを返します。この場合、その状態はFSMのログなので、Readerメソッドを呼んで、ログのデータをすべて読み出すio.Readerを返します。

このスナップショットには二つの目的があります。一つは、Raftがすでに適用したコマンドのログを保存しないように、Raftのログをコンパクトにすることです。もう一つは、リーダーがログ全体を何度も複製するよりも効率的に、Raftが新たなサーバをブートストラップできるようにすることです。

Raftは、設定したSnapshotIntervalとSnapshotThresholdに従ってSnapshotメソッドを呼び出します（SnapshotIntervalは、Raftがスナップショットすべきかどうかを検査する間隔であり、デフォルトは2分です。SnapshotThresholdは、新たなスナップショットを作成する前に最後のスナップショットから何個のログを取得するのかを示し、デフォルトは8192個です）。

Raftは、その状態を何らかの場所に保存するために、私たちが作成したFSMSnapshotに対してPersistメソッドを呼び出します。その場所は、Raftに設定したスナップショットストアに依存して、メモリ内、ファイル、あるいは、S3バケットといったバイト列を保存する何らかのものです。私たちはファイル・スナップショット・ストア（*file snapshot store*）を使っているので、スナップショットが完了すると、Raftのすべてのログデータを含むファイルを得られます。S3のような共有ステートストアは、スナップショットの書き込みと読み出しの負担をリーダーではなくS3に課し、新たなサーバがリーダーからストリーミングせずにスナップショットを復旧できるようにするものです。Raftはスナップショットが終了すると、Releaseメソッドを呼び出します。

Releaseメソッドの後に、次のRestoreメソッドを書きます。

CoordinateWithConsensus/internal/log/distributed.go
```go
func (f *fsm) Restore(r io.ReadCloser) error {
    b := make([]byte, lenWidth)
    var buf bytes.Buffer
    for i := 0; ; i++ {
        _, err := io.ReadFull(r, b)
        if err == io.EOF {
            break
        } else if err != nil {
            return err
        }
```

```
        size := int64(enc.Uint64(b))
        if _, err = io.CopyN(&buf, r, size); err != nil {
            return err
        }
        record := &api.Record{}
        if err = proto.Unmarshal(buf.Bytes(), record); err != nil {
            return err
        }
        if i == 0 {
            f.log.Config.Segment.InitialOffset = record.Offset
            if err := f.log.Reset(); err != nil {
                return err
            }
        }
        if _, err = f.log.Append(record); err != nil {
            return err
        }
        buf.Reset()
    }
    return nil
}
```

RaftはスナップショットからFSMを復元するためにRestoreメソッドを呼び出します。たとえば、あるサーバを失って、新たなサーバを増やした場合、失ったサーバのFSMを復元したいわけです。そのFSMは、状態がリーダーの複製された状態と一致するように、既存の状態を破棄する必要があります。

このRestoreメソッドの実装では、ログをリセットし、その初期オフセットをスナップショットから読み取った最初のレコードのオフセットに設定し、ログのオフセットが一致するようにしています。そして、スナップショットのレコードを読み込んで、新たなログに追加しています。

以上で、FSMのコード作成は終了です。

次に、Raftのログストアを定義するために、FSMのコードの後に、次のコードを書きます。

CoordinateWithConsensus/internal/log/distributed.go

```
var _ raft.LogStore = (*logStore)(nil)

type logStore struct {
    *Log
}

func newLogStore(dir string, c Config) (*logStore, error) {
    log, err := NewLog(dir, c)
    if err != nil {
        return nil, err
    }
    return &logStore{log}, nil
}
```

Raftは、管理しているログストアから読み込んだ*raft.Logを使って、FSMのApplyメソッドを呼び出します。Raftはログを複製し、そのログのレコードでステートマシンを呼び出します。Raftのログストアとして独自のログを使っていますが、Raftが要求するLogStoreインタフェースを満たすために、ログを内包する必要があります。このコードでは、ログストアとそれを作成する関数を定義しています。

newLogStore関数の後に、次のコードを追加します。

CoordinateWithConsensus/internal/log/distributed.go

```go
func (l *logStore) FirstIndex() (uint64, error) {
    return l.LowestOffset()
}

func (l *logStore) LastIndex() (uint64, error) {
    off, err := l.HighestOffset()
    return off, err
}

func (l *logStore) GetLog(index uint64, out *raft.Log) error {
    in, err := l.Read(index)
    if err != nil {
        return err
    }
    out.Data = in.Value
    out.Index = in.Offset
    out.Type = raft.LogType(in.Type)
    out.Term = in.Term
    return nil
}
```

Raftは、これらのAPIを使って、ログのレコードや情報を取得します。すでにその機能をログでサポートしているので、ログのメソッドを呼び出す必要があるだけです。私たちがオフセットと呼んでいるものを、Raftはインデックスと呼んでいます。

GetLogメソッドの後に、次のコードを書きます。

CoordinateWithConsensus/internal/log/distributed.go

```go
func (l *logStore) StoreLog(record *raft.Log) error {
    return l.StoreLogs([]*raft.Log{record})
}
func (l *logStore) StoreLogs(records []*raft.Log) error {
    for _, record := range records {
        if _, err := l.Append(&api.Record{
            Value: record.Data,
            Term:  record.Term,
            Type:  uint32(record.Type),
        }); err != nil {
```

```
            return err
        }
    }
    return nil
}
```

Raftは、これらのAPIを使って、ログにレコードを追加します。ここでも、ログのAPIとレコード型の呼び出しを変換するだけです。これらの変更のためにRecord型にいくつかのフィールドを追加する必要があります。

api/v1/log.protoファイルに定義したRecordメッセージを、次のように修正します。

CoordinateWithConsensus/api/v1/log.proto

```
message Record {
  bytes value = 1;
  uint64 offset = 2;
  uint64 term = 3;
  uint32 type = 4;
}
```

次に、make compileを実行して、protobufをコンパイルします。

logStoreの最後のメソッドは、古いレコードを削除するメソッドです。StoreLogsメソッドの後に、次のDeleteRangeメソッドを書きます。

CoordinateWithConsensus/internal/log/distributed.go

```
func (l *logStore) DeleteRange(min, max uint64) error {
    return l.Truncate(max)
}
```

DeleteRange(min, max uint64)メソッドは、オフセット間のレコードを削除します。古いレコードやスナップショットに保存されているレコードを削除するために使われます。

8.2.4　ストリームレイヤ

Raftは、Raftサーバと接続するための低レベルのストリーム抽象化を提供するために、トランスポートのストリームレイヤを使います。ストリームレイヤは、RaftのStreamLayerインタフェースを満足しなければなりません。

```
type StreamLayer interface {
    net.Listener
    // 新たな発信コネクションを作成するために、Dialが使われます
    Dial(address ServerAddress, timeout time.Duration) (net.Conn, error)
}
```

distributed.goの最後に、次のコードを追加して、StreamLayerを書き始めます。

CoordinateWithConsensus/internal/log/distributed.go

```go
var _ raft.StreamLayer = (*StreamLayer)(nil)

type StreamLayer struct {
    ln              net.Listener
    serverTLSConfig *tls.Config
    peerTLSConfig   *tls.Config
}

func NewStreamLayer(
    ln net.Listener,
    serverTLSConfig,
    peerTLSConfig *tls.Config,
) *StreamLayer {
    return &StreamLayer{
        ln:              ln,
        serverTLSConfig: serverTLSConfig,
        peerTLSConfig:   peerTLSConfig,
    }
}
```

このコードは、StreamLayer型を定義し、それがraft.StreamLayerインタフェースを満たしているかどうかを検査しています。TLSでサーバ間の暗号化通信を可能にしたいので、受信コネクションを受け入れるためのTLS設定 (serverTLSConfig) と送信コネクションを作成するためのTLS設定 (peerTLSConfig) を受け取る必要があります。

NewStreamLayer関数の後に、次のDialメソッドとRaftRPC定数を追加します。

CoordinateWithConsensus/internal/log/distributed.go

```go
const RaftRPC = 1

func (s *StreamLayer) Dial(
    addr raft.ServerAddress,
    timeout time.Duration,
) (net.Conn, error) {
    dialer := &net.Dialer{Timeout: timeout}
    var conn, err = dialer.Dial("tcp", string(addr))
    if err != nil {
        return nil, err
    }
    // Raft RPCであることを特定する
    _, err = conn.Write([]byte{byte(RaftRPC)})
    if err != nil {
        return nil, err
    }
    if s.peerTLSConfig != nil {
        conn = tls.Client(conn, s.peerTLSConfig)
```

```
    }
    return conn, err
}
```

　Dial(addr raft.ServerAddress, timeout time.Duration) メソッドはRaftクラスタ内
の他のサーバに出ていくコネクションを作るものです。サーバに接続する際、コネクション種別を
識別するためにRaftRPCバイトを書き込み、ログのgRPCリクエストと同じポートでRaftを多重
化できます（多重化についてはこの後すぐに説明します）。ストリームレイヤをピアTLSで設定す
ると、TLSクライアント側の接続が行われます。

　ストリームレイヤの残りのメソッドは、net.Listenerインタフェースを実装しています。Dial
メソッドの後に、次のコードを追加します。

CoordinateWithConsensus/internal/log/distributed.go

```go
func (s *StreamLayer) Accept() (net.Conn, error) {
    conn, err := s.ln.Accept()
    if err != nil {
        return nil, err
    }
    b := make([]byte, 1)
    _, err = conn.Read(b)
    if err != nil {
        return nil, err
    }
    if !bytes.Equal([]byte{byte(RaftRPC)}, b) {
        return nil, fmt.Errorf("not a raft rpc")
    }
    if s.serverTLSConfig != nil {
        return tls.Server(conn, s.serverTLSConfig), nil
    }
    return conn, nil
}

func (s *StreamLayer) Close() error {
    return s.ln.Close()
}

func (s *StreamLayer) Addr() net.Addr {
    return s.ln.Addr()
}
```

　Acceptメソッドは、Dialメソッドに対応するものです。入ってくるコネクションを受け入れ、
コネクション種別を識別するバイトを読み出して、サーバ側のTLS接続を作成します。Closeメ
ソッドはリスナーをクローズします。Addrメソッドは、リスナーのアドレスを返します。

8.2.5　ディスカバリの統合

Raftをサービスに実装する次のステップは、Serf駆動のディスカバリレイヤをRaftと統合し、Serfのメンバーシップが変化したときに、Raftクラスタで対応する変更を行うことです。サーバをクラスタに追加するごとに、Serfはメンバーが参加したというイベントを発行し、discovery.MembershipはそのハンドラのJoin(id, addr string)メソッドを呼び出します。サーバがクラスタから離脱すると、Serfはメンバーが離脱したというイベントを発行し、discovery.MembershipはそのハンドラのLeave(id string)メソッドを呼び出します。私たちの分散ログはMembershipのハンドラとして動作するので、Raftを更新するために、これらのJoinメソッドとLeaveメソッドを実装する必要があります。

DistributedLog.Read(offset uint64)メソッドの後に、次のコードを追加します。

CoordinateWithConsensus/internal/log/distributed.go

```go
func (l *DistributedLog) Join(id, addr string) error {
    configFuture := l.raft.GetConfiguration()
    if err := configFuture.Error(); err != nil {
        return err
    }
    serverID := raft.ServerID(id)
    serverAddr := raft.ServerAddress(addr)
    for _, srv := range configFuture.Configuration().Servers {
        if srv.ID == serverID || srv.Address == serverAddr {
            if srv.ID == serverID && srv.Address == serverAddr {
                // リーバはすでに参加している
                return nil
            }
            // 既存のサーバを取り除く
            removeFuture := l.raft.RemoveServer(serverID, 0, 0)
            if err := removeFuture.Error(); err != nil {
                return err
            }
        }
    }
    addFuture := l.raft.AddVoter(serverID, serverAddr, 0, 0)
    if err := addFuture.Error(); err != nil {
        return err
    }
    return nil
}

func (l *DistributedLog) Leave(id string) error {
    removeFuture := l.raft.RemoveServer(raft.ServerID(id), 0, 0)
    return removeFuture.Error()
}
```

Join(id, addr string) メソッドは、Raft クラスタにサーバを追加します。すべてのサーバを投票者として追加します。しかし、Raft は、AddNonVoter API で非投票者としてサーバを追加することもサポートしています。多くのサーバに状態を複製して、最終的に一貫性のある読み取り専用の状態を提供したい場合、非投票者サーバが有用です。投票権を持つサーバを追加するごとに、リーダーは過半数を得るために多くのサーバと通信する必要があるので、レプリケーションや選出に時間がかかる可能性が高くなります。

Leave(id string) メソッドは、サーバをクラスタから取り除きます。リーダーを取り除くと、新たな選出が行われます。

リーダーではないノードでクラスタを変更しようとすると、Raft はエラーとなり ErrNotLeader を返します。私たちのサービスディスカバリのコードでは、すべてのハンドラエラーを重大なエラーとしてログに記録しています。しかし、ノードがリーダーではない場合、ErrNotLeader を予期してログに記録しないようにすべきです。internal/discovery/membership.go で、github.com/hashicorp/raft をインポートして、logError メソッドを次のように更新します。

CoordinateWithConsensus/internal/discovery/membership.go

```go
func (m *Membership) logError(err error, msg string, member serf.Member) {
    log := m.logger.Error
    if err == raft.ErrNotLeader {
        log = m.logger.Debug
    }
    log(
        msg,
        zap.Error(err),
        zap.String("name", member.Name),
        zap.String("rpc_addr", member.Tags["rpc_addr"]),
    )
}
```

logError メソッドは、デバッグレベルでリーダーではない場合のエラーを記録するようになります。ログを削除する必要がある場合、このようなログは削除の候補になるでしょう。

internal/log/distributed.go に戻って、Leave メソッドの後に、次の WaitForLeader メソッドを追加します。

CoordinateWithConsensus/internal/log/distributed.go

```go
func (l *DistributedLog) WaitForLeader(timeout time.Duration) error {
    timeoutc := time.After(timeout)
    ticker := time.NewTicker(time.Second)
    defer ticker.Stop()
    for {
        select {
        case <-timeoutc:
            return fmt.Errorf("timed out")
```

```
        case <-ticker.C:
            if l := l.raft.Leader(); l != "" {
                return nil
            }
        }
    }
}
```

WaitForLeader(timeout time.Duration) メソッドは、クラスタがリーダーを選出するか、タイムアウトするまで待ちます。これまでに述べてきたように、ほとんどの操作はリーダーで実行されなければならないので、このメソッドはテストを書くときに便利です。

WaitForLeader メソッドの後に、次の Close メソッドを書いてください。

CoordinateWithConsensus/internal/log/distributed.go

```go
func (l *DistributedLog) Close() error {
    f := l.raft.Shutdown()
    if err := f.Error(); err != nil {
        return err
    }
    if err := l.raftLog.Log.Close(); err != nil {
        return err
    }
    return l.log.Close()
}
```

Close メソッドは、Raft インスタンスをシャットダウンし、Raft のログストアおよびローカルのログを閉じます。これで DistributedLog に関するメソッドは終了です。ここまでで、FSM から始めて、分散ログと Raft が依存する部品を構築しました。

8.2.6　分散ログのテスト

それでは、分散ログをテストしてみましょう。internal/log ディレクトリに distributed_test.go ファイルを作成し、次のコードで書き始めます。

CoordinateWithConsensus/internal/log/distributed_test.go

```go
package log_test

import (
    "fmt"
    "io/ioutil"
    "net"
    "os"
    "reflect"
    "testing"
    "time"
```

```
    "github.com/hashicorp/raft"
    "github.com/stretchr/testify/require"
    "github.com/travisjeffery/go-dynaport"
    api "github.com/travisjeffery/proglog/api/v1"
    "github.com/travisjeffery/proglog/internal/log"
)

func TestMultipleNodes(t *testing.T) {
    var logs []*log.DistributedLog
    nodeCount := 3
    ports := dynaport.Get(nodeCount)

    for i := 0; i < nodeCount; i++ {
        dataDir, err := ioutil.TempDir("", "distributed-log-test")
        require.NoError(t, err)
        defer func(dir string) {
            _ = os.RemoveAll(dir)
        }(dataDir)

        ln, err := net.Listen(
            "tcp",
            fmt.Sprintf("127.0.0.1:%d", ports[i]),
        )
        require.NoError(t, err)

        config := log.Config{}
        config.Raft.StreamLayer = log.NewStreamLayer(ln, nil, nil)
        config.Raft.LocalID = raft.ServerID(fmt.Sprintf("%d", i))
        config.Raft.HeartbeatTimeout = 50 * time.Millisecond
        config.Raft.ElectionTimeout = 50 * time.Millisecond
        config.Raft.LeaderLeaseTimeout = 50 * time.Millisecond
        config.Raft.CommitTimeout = 5 * time.Millisecond
```

TestMultipleNodes(*testing.T)の初めに、三つのサーバから構成されるクラスタを設定しています。Raftのデフォルトのタイムアウト設定を短くし、Raftが素早くリーダーを選出するようにしています。

この後に、次のコードを追加します。

CoordinateWithConsensus/internal/log/distributed_test.go

```
        if i == 0 {
            config.Raft.Bootstrap = true
        }

        l, err := log.NewDistributedLog(dataDir, config)
        require.NoError(t, err)

        if i != 0 {
```

```
                err = logs[0].Join(
                    fmt.Sprintf("%d", i), ln.Addr().String(),
                )
                require.NoError(t, err)
            } else {
                err = l.WaitForLeader(3 * time.Second)
                require.NoError(t, err)
            }

            logs = append(logs, l)
        }
```

　一つ目のサーバは、クラスタをブートストラップしてリーダーになり、残りの二つのサーバをクラスタに追加しています。この後、リーダーは他のサーバをそのクラスタに参加させる必要があります。

　前のコードの後に、次のコードを追加します。

CoordinateWithConsensus/internal/log/distributed_test.go

```
        records := []*api.Record{
            {Value: []byte("first")},
            {Value: []byte("second")},
        }
        for _, record := range records {
            off, err := logs[0].Append(record)
            require.NoError(t, err)

            require.Eventually(t, func() bool {
                for j := 0; j < nodeCount; j++ {
                    got, err := logs[j].Read(off)
                    if err != nil {
                        return false
                    }
                    record.Offset = off
                    if !reflect.DeepEqual(got.Value, record.Value) {
                        return false
                    }
                }
                return true
            }, 500*time.Millisecond, 50*time.Millisecond)
        }
```

　リーダーのサーバにレコードを追加し、Raftがそのレコードをフォロワーに複製したことを確認することで、レプリケーションをテストします。Raftのフォロワーは短い待ち時間の後に追加メッセージ（AppendRequestTypeのメッセージ）を適用するので、testifyのEventuallyメソッドを使ってRaftの複製が終了するのに十分な時間を与えています。

　では、次のコードを追加して、テストを完成させます。

CoordinateWithConsensus/internal/log/distributed_test.go

```
    err := logs[0].Leave("1")
    require.NoError(t, err)

    time.Sleep(50 * time.Millisecond)

    off, err := logs[0].Append(&api.Record{
        Value: []byte("third"),
    })
    require.NoError(t, err)

    time.Sleep(50 * time.Millisecond)

    record, err := logs[1].Read(off)
    require.IsType(t, api.ErrOffsetOutOfRange{}, err)
    require.Nil(t, record)

    record, err = logs[2].Read(off)
    require.NoError(t, err)
    require.Equal(t, []byte("third"), record.Value)
    require.Equal(t, off, record.Offset)
}
```

このコードは、リーダーがクラスタから離脱したサーバへのレプリケーションを停止し、既存の
サーバへのレプリケーションは継続することを確認しています[†5]。

8.3　一つのポートで複数のサービスを実行する多重化

多重化（*Multiplexing*）により、同じポートで複数のサービスを提供できます。それにより、サー
ビスの利用が容易になります。多重化により、ドキュメントや設定が少なくて済みますし、管理す
るコネクションも少なくなります。また、ファイアウォールによって一つのポートに制限されてい
る場合でも、複数のサービスを提供できます。多重化はコネクションを識別するために最初のバイ
トを読むので、新たなコネクションごとに若干の余分な負荷がかかりますが、長く維持されるコ
ネクションではその負荷は無視できます。また、誤ってサービスを公開しないように注意する必要
があります。

　Raftを使っている多くの分散サービスは、RPCサービスといった他のサービスとRaftを多重化
しています。相互TLSでgRPCを実行すると、TLSハンドシェイクの後にコネクションを多重化し
たいので、多重化がやっかいになります。ハンドシェイク前は、コネクションを区別できず、両方
ともTLS接続であることが分かるだけです。それ以上のことを知るには、ハンドシェイクして復号

---

†5　訳注：動作環境によっては、LeaderLeaseTimeout が50ミリ秒では短すぎて失敗することがあります。その場合、Test
　　MultipleNodes関数の最初のforループで設定している、HeartbeatTimeout、ElectionTimeout、LeaderLeaseTimeout を
　　100ミリ秒などに変更してください。

されたパケットを調べる必要があります。ハンドシェイク後、コネクションのパケットを読み、そのコネクションがgRPCコネクションかRaftコネクションかを判断できます。相互TLSでのgRPCコネクションの多重化に関する問題は、gRPCが後でクライアントを認証するためにハンドシェイク中に取得した情報が必要なことです。そのため、ハンドシェイクの前に多重化する必要があり、gRPCコネクションからRaftを識別する方法を作る必要があります。

　Raftコネクションとg RPCコネクションの識別は、Raftコネクションに1バイトを書かせて識別するようにしています。Raftコネクションの1バイト目に1という数字を書くことで、gRPC接続と区別しています。もし他のサービスがあれば、gRPCクライアントにカスタムダイアラ（*custom dialer*）を渡して、1バイト目に2という数字を送ることで、それらをgRPCと区別できます。TLS標準[†6]では、0から19の値に対して多重化方式を割り当てておらず、私たちが行ったように「調整が必要（*require coordination*）」と述べています。内部サービスは特別に扱ったほうがよいです。なぜなら、自分たちでクライアントを作成しているので、識別に必要なものは何でも書けるからです。

　Raftコネクションとg RPCコネクションを多重化し、分散ログを作成するようにエージェントを更新してみましょう。

　`internal/agent/agent.go`のインポートを次のように修正します。

CoordinateWithConsensus/internal/agent/agent.go

```
import (
    "bytes"
    "crypto/tls"
    "fmt"
    "io"
    "net"
    "sync"
    "time"

    "go.uber.org/zap"
    "github.com/hashicorp/raft"
    "github.com/soheilhy/cmux"
    "google.golang.org/grpc"
    "google.golang.org/grpc/credentials"

    "github.com/travisjeffery/proglog/internal/auth"
    "github.com/travisjeffery/proglog/internal/discovery"
    "github.com/travisjeffery/proglog/internal/log"
    "github.com/travisjeffery/proglog/internal/server"
)
```

　そして、次の定義のように、`Agent`型を修正します。

---

†6　https://tools.ietf.org/html/rfc7983

CoordinateWithConsensus/internal/agent/agent.go

```
type Agent struct {
    Config Config

    mux        cmux.CMux
    log        *log.DistributedLog
    server     *grpc.Server
    membership *discovery.Membership

    shutdown     bool
    shutdowns    chan struct{}
    shutdownLock sync.Mutex
}
```

この定義では、mux cmux.CMux フィールドを追加し、ログを DistributedLog に変更し、replicatorを削除しています。

Raftクラスタのブートストラップを有効にするために、次のフィールドを Config 構造体に追加します。

CoordinateWithConsensus/internal/agent/agent.go

```
    Bootstrap bool
```

New関数の中に、矢印で示したコードを追加して、mux（*multiplexer*の略）を設定します。

CoordinateWithConsensus/internal/agent/agent.go

```
    setup := []func() error {
        a.setupLogger,
        a.setupMux, ◀
        a.setupLog,
        a.setupServer,
        a.setupMembership,
    }
```

New関数の後に、次の setupMux メソッドを書きます。

CoordinateWithConsensus/internal/agent/agent.go

```
func (a *Agent) setupMux() error {
    rpcAddr := fmt.Sprintf(
        ":%d",
        a.Config.RPCPort,
    )
    ln, err := net.Listen("tcp", rpcAddr)
    if err != nil {
        return err
    }
```

```
        a.mux = cmux.New(ln)
        return nil
    }
```

setupMuxメソッドは、RPCアドレスにRaftとgRPCの両方の接続を受け付けるリスナーを作成し、そのリスナーでmuxを作成します。muxはリスナーからの接続を受け付け、設定されたルールに基づいてコネクションを識別します。

Raftを識別するルールを設定し、分散ログを作成するために、setupLogを更新します。既存のsetupLogメソッドを、次のコードで置き換え始めます。

CoordinateWithConsensus/internal/agent/agent.go

```
    func (a *Agent) setupLog() error {
        raftLn := a.mux.Match(func(reader io.Reader) bool {
            b := make([]byte, 1)
            if _, err := reader.Read(b); err != nil {
                return false
            }
            return bytes.Equal(b, []byte{byte(log.RaftRPC)})
        })
```

このコードでは、Raftコネクションを識別するmuxを設定しています。1バイトを読み、そのバイトが「8.2.4　ストリームレイヤ」（163ページ）で書き込むように設定した（下記コード）Raftコネクションの発信バイトと一致するかどうかを確認することでRaftコネクションを識別しています。

CoordinateWithConsensus/internal/log/distributed.go

```
        // Raft RPCであることを特定する
        _, err = conn.Write([]byte{byte(RaftRPC)})
        if err != nil {
            return nil, err
        }
```

このルールに一致した場合、Raftがコネクションを処理できるように、muxはraftLnリスナー用のコネクションを返します。前述のsetupLogメソッドのコードの後に、次の残りのコードを追加します。

CoordinateWithConsensus/internal/agent/agent.go

```
        logConfig := log.Config{}
        logConfig.Raft.StreamLayer = log.NewStreamLayer(
            raftLn,
            a.Config.ServerTLSConfig,
            a.Config.PeerTLSConfig,
        )
```

```
        logConfig.Raft.LocalID = raft.ServerID(a.Config.NodeName)
        logConfig.Raft.Bootstrap = a.Config.Bootstrap
        var err error
        a.log, err = log.NewDistributedLog(
            a.Config.DataDir,
            logConfig,
        )
        if err != nil {
            return err
        }
        if a.Config.Bootstrap {
            err = a.log.WaitForLeader(3 * time.Second)
        }
        return err
    }
```

　分散ログのRaftが私たちの多重化リスナーを使うように設定し、分散ログの設定と作成を行っています。

　gRPCサーバがmuxのリスナーを利用するように、次のようにsetupServerメソッドを更新します（矢印の行）。

CoordinateWithConsensus/internal/agent/agent.go

```
    func (a *Agent) setupServer() error {
        authorizer := auth.New(
            a.Config.ACLModelFile,
            a.Config.ACLPolicyFile,
        )
        serverConfig := &server.Config{
            CommitLog:  a.log,
            Authorizer: authorizer,
        }
        var opts []grpc.ServerOption
        if a.Config.ServerTLSConfig != nil {
            creds := credentials.NewTLS(a.Config.ServerTLSConfig)
            opts = append(opts, grpc.Creds(creds))
        }
        var err error
        a.server, err = server.NewGRPCServer(serverConfig, opts...)
        if err != nil {
            return err
        }
        grpcLn := a.mux.Match(cmux.Any())                     ◄
        go func() {                                           ◄
            if err := a.server.Serve(grpcLn); err != nil {    ◄
                _ = a.Shutdown()                              ◄
            }                                                 ◄
        }()                                                   ◄
        return err                                            ◄
```

```
    }
```

　二つのコネクション種別（RaftとgRPC）を多重化し、Raftコネクション用のマッチャーを追加したので、他のすべてのコネクションはgRPCコネクションに違いないことが分かります。あらゆるコネクションに一致するので、cmux.Anyを使っています。次に、gRPCサーバに、多重化されたリスナーでサービスを提供するように指示しています。

　setupMembershipメソッドを、次のコードで書き換えます。

CoordinateWithConsensus/internal/agent/agent.go

```go
func (a *Agent) setupMembership() error {
    rpcAddr, err := a.Config.RPCAddr()
    if err != nil {
        return err
    }
    a.membership, err = discovery.New(a.log, discovery.Config{
        NodeName: a.Config.NodeName,
        BindAddr: a.Config.BindAddr,
        Tags: map[string]string{
            "rpc_addr": rpcAddr,
        },
        StartJoinAddrs: a.Config.StartJoinAddrs,
    })
    return err
}
```

　RaftのおかげでDistributedLogが連携されたレプリケーションを処理するので、Replicatorはもう必要ありません。代わりに、サーバがクラスタに参加したり離脱したりしたときにDistributedLogに伝えるためにMembershipが必要です。Shutdownメソッド内のa.replicator.Close行を削除して、internal/log/replicator.goファイルも削除します。あとは、muxにコネクションを処理するように指示するだけです。まず、New関数のreturn文の前に、次の行を追加します。

CoordinateWithConsensus/internal/agent/agent.go

```go
    go a.serve()
```

　そして、ファイルの最後に次のserveメソッドを追加します。

CoordinateWithConsensus/internal/agent/agent.go

```go
func (a *Agent) serve() error {
    if err := a.mux.Serve(); err != nil {
        _ = a.Shutdown()
        return err
    }
```

```
        return nil
    }
```

　では、Raftのエージェントのテストを更新して、レプリケーションと連携をテストしてみましょう。「7.6　学んだこと」（146ページ）で示したテストコードは、リーダーとフォロワーの関係に従うのではなく循環して互いに複製していたので失敗しました。そのテストコードは、今度は合格します。

　internal/agent/agent_test.goファイル内のagent.Configに、次の行を追加します。

```
CoordinateWithConsensus/internal/agent/agent_test.go
```
```
            Bootstrap: i == 0,
```

　この行だけで、Raftクラスタをブートストラップできます。

　テストの最後に、次のコードを追加します。

```
CoordinateWithConsensus/internal/agent/agent_test.go
```
```
    consumeResponse, err = leaderClient.Consume(
        context.Background(),
        &api.ConsumeRequest{
            Offset: produceResponse.Offset + 1,
        },
    )
    require.Nil(t, consumeResponse)
    require.Error(t, err)
    got := status.Code(err)
    want := status.Code(api.ErrOffsetOutOfRange{}.GRPCStatus().Err())
    require.Equal(t, got, want)
```

　これで、リーダーに書き出したレコードをRaftが複製したことを、フォロワーからレコードを読み出すことで検査し、レプリケーションがそこで止まって、リーダーがフォロワーから複製していないことを確認しています。

　make testでテストを実行します。これで私たちの分散サービスが、合意形成とレプリケーションのためにRaftを使うようになりました。

8.4　学んだこと

　この章では、リーダー選出とレプリケーションをサービスに追加することで、Raftを使って分散サービスを連携させる方法を学びました。また、コネクションを多重化し、一つのポートで複数のサービスを実行する方法についても見てきました。次の章では、クライアントがサーバを発見して呼び出す、クライアント側ディスカバリについて説明します。

9章
サーバディスカバリと
クライアント側ロードバランス

　私たちは、ディスカバリと合意形成を備えた本物の分散サービスを構築しました。これまでは、サーバに焦点を当ててきましたが、クライアントに関してはgRPCを使うこと以外の変更は行っていません。この章では、サービスの可用性、拡張性、ユーザ体験を向上させる、三つのクライアント機能に取り組みます。クライアントが自動的に、次のことを行うことを可能にします。

- クラスタ内のサーバを発見します。
- リーダーに対して書き込みを行い、フォロワーに対して読み出しを行います。
- フォロワーに対する読み出しをバランスさせます。

これらの改善が終わったら、デプロイの準備ができていることになります。

9.1　三つのロードバランス戦略

ディスカバリとロードバランスの問題を解決するために、三つの戦略が使えます。

- **サーバプロキシ**（*server proxying*）：クライアントは、（サービスレジストリに問い合わせるか、サービスレジストリとなって）サーバを把握しているロードバランサ（*load balancer*）にリクエストを送り、ロードバランサがリクエストをバックエンドに中継します。
- **外部ロードバランス**（*external load balancing*）：クライアントは、サーバを把握している外部ロードバランスのサービスへ問い合わせて、どのサーバにRPCを送信すればよいかを知ります。
- **クライアント側ロードバランス**（*client-side load balancing*）：クライアントはサービスレジストリに照会してサーバを知り、RPCを送信するサーバを選び、RPCを直接サーバへ送信します。

サーバプロキシは、最も一般的に使われるディスカバリとロードバランスのパターンです。ほと

んどのサーバは、ロードバランスがどのように動作するのかに関する制御を与えるほどにはクライアントを信頼していません。なぜなら、それらの決定はサービスの可用性に影響するかもしれないからです（たとえば、クライアントが一つのサーバを対象にして、そのサーバが使えなくなるまで呼び出すことを可能にします）。クライアントとサーバの間にプロキシを置き、信頼境界として機能させることができます。プロキシは、プロキシの背後にあるすべてのネットワークが外部から隔離されたネットワークであり、信頼され、制御下にあるため、システムがどのようにリクエストを取り込むかを制御できます。サーバプロキシは、サービスレジストリを維持したり呼び出したりして、プロキシ先のサーバを知ります。インターネットからの外部トラフィックをロードバランスするために、AWSのELB（*Elastic Load Balancer*）はよく使われます。ELBはサービス側ディスカバリルーターの一例で、入ってきたリクエストがELBにヒットすると、そのリクエストは、ELBに登録されているインスタンスに中継されます。

　複雑で正確なロードバランスを行うために、外部ロードバランサを実行できます。外部ロードバランサは、すべてのサーバと潜在的にすべてのクライアントを知っているので、クライアントが呼び出すのに最適なサーバを決定するためのすべてのデータを持っています。外部ロードバランサに運用負荷をかけることになります。私は外部ロードバランサが必要だったことがありません。

　代わりに、クライアントを信頼できる場合、クライアント側ロードバランスを使うことができます。クライアント側ロードバランスでは、中間者がいないので、リクエストが直接宛先サーバに行き、遅延が減り、効率が高まります。クライアント側ロードバランスは単一障害点がないため、耐障害性があります。しかし、クライアントがサーバに直接アクセスできるようにするには、ネットワークとセキュリティに取り組む必要があります。

　私たちは、クライアントとサーバの両方を制御しています。そして、低遅延で高スループットのアプリケーション向けにサービスを設計してきましたので、クライアント側のディスカバリとロードバランスをサービスに組み込んでいきます。

9.2　gRPCでのクライアント側ロードバランス

　この章で説明するアイデアは、どのようなクライアントとサーバにも適用できます。gRPCは、サーバのディスカバリ、ロードバランス、クライアントのリクエストとレスポンスの処理を分離しています。多くの場合、みなさんが書くコードは、リクエストとレスポンスの処理だけです。gRPCでは、リゾルバ（*resolver*）がサーバを発見し、ピッカー（*picker*）が現在のリクエストを処理するサーバを選んでロードバランスを行います。gRPCには、サブコネクションを管理するバランサもありますが、ロードバランスはピッカーに委ねられます。gRPCは、ベースとなるバランサを作成するAPI（base.NewBalancerBuilderV2）を提供しており、おそらくあなた自身のバランサを書く必要はないでしょう。

　grpc.Dialを呼び出すと、gRPCはアドレスを受け取ってリゾルバに渡し、リゾルバはサーバを発見します。gRPCのデフォルトのリゾルバはDNSリゾルバです。gRPCに渡したアドレスに複

数の DNS レコードが関連付けられている場合、gRPC はそれらのレコードの各サーバにリクエストを分散させます。独自のリゾルバを書いたり、コミュニティによって書かれたリゾルバを使ったりもできます。たとえば、Kuberesolver[1]は、Kubernetes の API からエンドポイントを取得してサーバを決めています。

gRPC はデフォルトでラウンドロビンのロードバランスを使います。ラウンドロビンのアルゴリズムは、一つ目の呼び出しを一つ目のサーバに、二つ目の呼び出しを二つ目のサーバに、といった具合に送信することで動作します。最後のサーバの後、再び一つ目サーバに戻ります。つまり、各サーバに同じ回数の呼び出しを行います。ラウンドロビンは、各リクエストがサーバに同じ作業量を要求する場合にうまく機能します。たとえば、データベースなどの別のサービスに作業を委ねるステートレス (*stateless*) なサービスなどです。ラウンドロビンのロードバランスはいつでも始められ、後で最適化できます。

しかし、ラウンドロビンのロードバランスの問題は、個々のリクエスト、クライアント、サーバに関して知っていることを考慮しないことです。たとえば、次のとおりです。

- もし、複数のサーバから構成され、一つのライターと複数のレプリカを持つレプリケーション分散サービスであれば、ライターが書き込みに集中できるように、レプリカから読み出したいです。そのためには、リクエストが読み出しなのか書き込みなのか、そしてサーバがライターなのかレプリカなのかを知っておく必要があります。
- グローバルに分散しているサービスであれば、クライアントにはローカルサーバとの通信を優先させたいので、クライアントとサーバの位置関係を把握する必要があります。
- 遅延を最小限にしたいシステムの場合、サーバが処理中のリクエスト数や、キューに入れられたリクエスト数、あるいは他の遅延メトリクスの組み合わせでメトリクスを追跡し、抱えているリクエスト数が最も小さいサーバへクライアントにリクエストさせることができます。

gRPC におけるクライアント側ディスカバリとロードバランスの仕組みと、ラウンドロビンよりも効率的にロードバランスを行いたい場合について説明しました。この知識を使って、あなた自身のサービスを構築する際に何ができるでしょうか。

私たちが構築しているサービスは、単一ライター、複数レプリカの分散サービスです。ライターのサーバだけがログを追加できます。今のところ、クライアントは一つのサーバへ接続しているので、リーダーとフォロワーを呼び出したい場合、複数のクライアントを作成する必要があります。そして、フォロワー間で読み出しのバランスを取りたい場合、クライアントのコードで管理しなければなりません。

私たち独自のリゾルバとピッカーを書くことでこの問題を解決できます。リゾルバはサーバを発

---

[1] https://github.com/sercand/kuberesolver

見し、どのサーバがリーダーであるかを見つけます。そして、ピッカーはリーダーに対して書き込みを行い、フォロワー間で読み出しをバランスさせる管理を行います。リゾルバとピッカーはサービスを使いやすくし、テストコードの一部を削除することもできます。では、始めましょう。

9.3　サーバを発見可能にする

　私たちのリゾルバはクラスタのサーバを発見する方法を必要とします。リゾルバは各サーバのアドレスと、リーダーであるかどうかを知る必要があります。「8.2　サービスにRaftを実装」（150ページ）では、クラスタのサーバとどのサーバがリーダーであるかを知っているRaftをサービスに組み込みました。その情報をgRPCサービスに対するエンドポイントを使ってリゾルバに公開ができます。

　すでにSerfとRaftをサービスに組み込んでいるので、ディスカバリにRPCを使うのは簡単になります。Kafkaクライアントは、メタデータエンドポイント（*metadata endpoint*）を要求することで、クラスタのブローカ（*broker*）を発見します。Kafkaのメタデータエンドポイントは、ZooKeeperに保存および連携されたデータで応答します。しかし、Kafkaの開発者は、ZooKeeperへの依存を取り除き、私たちのサービスと同様にRaftをKafkaに組み込み、そのデータを連携する予定です。これは、Kafkaにおけるこのデータの仕組み、特にクラスタ内のサーバの管理方法やリーダーの選出方法という点で、大きな変化となることでしょう。一方で、クライアントがサーバを発見する方法はほとんど変更する必要がないため、クライアント側ディスカバリにサービスのエンドポイントを使うことが利点となります。

　`api/v1/log.proto`ファイルを開き、次のように`Log`サービスを更新します。これは、リゾルバがクラスタのサーバを取得するために呼び出すエンドポイントである`GetServers`エンドポイントを含めるためです。

```
ClientSideServiceDiscovery/api/v1/log.proto
  service Log {
    rpc Produce(ProduceRequest) returns (ProduceResponse) {}
    rpc Consume(ConsumeRequest) returns (ConsumeResponse) {}
    rpc ConsumeStream(ConsumeRequest) returns (stream ConsumeResponse) {}
    rpc ProduceStream(stream ProduceRequest) returns (stream ProduceResponse) {}
    rpc GetServers(GetServersRequest) returns (GetServersResponse) {}
  }
```

ファイルの最後に、エンドポイントのリクエストとレスポンスの定義を追加します。

```
ClientSideServiceDiscovery/api/v1/log.proto
  message GetServersRequest {}

  message GetServersResponse {
```

```
    repeated Server servers = 1;
  }

  message Server {
    string id = 1;
    string rpc_addr = 2;
    bool is_leader = 3;
  }
```

　エンドポイントのレスポンスには、クライアントが接続すべきサーバのアドレスと、どのサー
バがリーダーであるかが含まれています。この情報により、ピッカーはどのサーバに Produce と
ProduceStream の呼び出しを行い、どのサーバに Consume と ConsumeStream の呼び出しを行う
かを知ることができます。

　このエンドポイントをサーバに実装しますが、その前に Raft のサーバデータを公開す
る API が DistributedLog に対して必要です。internal/log/distributed.go を開いて、
DistributedLog.Close の後に、次の GetServers メソッドを書きます。

ClientSideServiceDiscovery/internal/log/distributed.go

```go
func (l *DistributedLog) GetServers() ([]*api.Server, error) {
    future := l.raft.GetConfiguration()
    if err := future.Error(); err != nil {
        return nil, err
    }
    var servers []*api.Server
    for _, server := range future.Configuration().Servers {
        servers = append(servers, &api.Server{
            Id:       string(server.ID),
            RpcAddr:  string(server.Address),
            IsLeader: l.raft.Leader() == server.Address,
        })
    }
    return servers, nil
}
```

　Raft の設定は、クラスタ内のサーバで構成され、各サーバの ID、アドレス、投票権が含まれてい
ます。投票権は、Raft の選出でサーバが投票するかどうかというものです（私たちのプロジェクト
では投票権を必要としません）。Raft は、クラスタのリーダーのアドレスも教えることができます。
GetServers は、Raft の raft.Server 型からのデータを、API が応答するための *api.Server 型
へ変換します。

　DistributedLog のテストを更新して、GetServers が期待通りにクラスタ内のサーバを
返すかどうか確認しましょう。internal/log/distributed_test.go を開いて、logs[0].
Leave("1") を呼び出す行の前後に、次の矢印の行を追加してください。

ClientSideServiceDiscovery/internal/log/distributed_test.go

```
    servers, err := logs[0].GetServers()        ◀
    require.NoError(t, err)                      ◀
    require.Equal(t, 3, len(servers))            ◀
    require.True(t, servers[0].IsLeader)         ◀
    require.False(t, servers[1].IsLeader)        ◀
    require.False(t, servers[2].IsLeader)        ◀

    err = logs[0].Leave("1")
    require.NoError(t, err)

    time.Sleep(50 * time.Millisecond)

    servers, err = logs[0].GetServers()          ◀
    require.NoError(t, err)                       ◀
    require.Equal(t, 2, len(servers))            ◀
    require.True(t, servers[0].IsLeader)          ◀
    require.False(t, servers[1].IsLeader)         ◀
```

　呼び出しの前に追加した検査は、**GetServers**がクラスタ内の三つのサーバをすべて返し、リーダーサーバがリーダーとして設定されていることを確認しています。呼び出しの後の行に追加した検査では、一つのサーバをクラスタから離脱させた後に検査を行うので、クラスタには二つのサーバがあることを期待しています。

　以上で、**DistributedLog**の変更とテストは終了です。次に、**DistributedLog.GetServers**メソッドを呼び出すサーバのエンドポイントを実装します。

　internal/server/server.goを開き、次のように**Config**を更新します。

ClientSideServiceDiscovery/internal/server/server.go

```
  type Config struct {
      CommitLog    CommitLog
      Authorizer   Authorizer
      GetServerer  GetServerer
  }
```

　そして、**ConsumeStream**メソッドの後に、次のコードを書きます。

ClientSideServiceDiscovery/internal/server/server.go

```
  func (s *grpcServer) GetServers(
      ctx context.Context, req *api.GetServersRequest,
  ) (*api.GetServersResponse, error) {
      servers, err := s.GetServerer.GetServers()
      if err != nil {
          return nil, err
      }
      return &api.GetServersResponse{Servers: servers}, nil
```

```
}

type GetServerer interface {
    GetServers() ([]*api.Server, error)
}
```

　これらのコードにより、サーバを取得できる異なる構造体を注入できます。CommitLog イ
ンタフェースに GetServers メソッドを追加したくはありません。なぜなら、Log 型のよう
な非分散ログはサーバについて知らないからです。そこで、唯一のメソッド GetServers が
DistributedLog.GetServers に一致する新たなインタフェースを作りました。agent パッケー
ジのエンド・ツー・エンドのテストを更新する際に、Config の CommitLog と GetServerer とし
て DistributedLog を両方に設定します。この新たなサーバのエンドポイントがエラー処理も行
います。

　agent.go で、setupServer メソッドを更新して、DistributedLog からクラスタのサーバを
取得するように設定します。

ClientSideServiceDiscovery/internal/agent/agent.go

```
    serverConfig := &server.Config{
        CommitLog:    a.log,
        Authorizer:   authorizer,
        GetServerer:  a.log, ◀
    }
```

　クライアントがクラスタのサーバを取得するために呼び出せるサーバのエンドポイントができま
した。これでリゾルバを構築する準備ができました。

9.4　サーバの解決

　この節で書く gRPC リゾルバは、私たちが作った GetServers エンドポイントを呼び出し、その
情報を gRPC に渡すので、ピッカーはどのサーバにリクエストを送信できるかを知ることができ
ます。
　まず、リゾルバとピッカーのコード用に、mkdir internal/loadbalance を実行して新たな
パッケージ用のディレクトリを作成します。
　gRPC はリゾルバとピッカーに対してビルダパターンを使っているので、それぞれビルダイン
タフェースと実装インタフェース[2]を持っています。ビルダインタフェースは単純な Build メ
ソッドを一つ持っているので、両方のインタフェースを一つの型を使って実装することにします。
internal/loadbalance に resolver.go というファイルを作成し、次のコードで書き始めます。

---

†2　訳注：ビルダインタフェースを通して構築されたオブジェクトが実装しているインタフェースを指します。

```
package loadbalance

import (
    "context"
    "fmt"
    "sync"

    "go.uber.org/zap"
    "google.golang.org/grpc"
    "google.golang.org/grpc/attributes"
    "google.golang.org/grpc/resolver"
    "google.golang.org/grpc/serviceconfig"

    api "github.com/travisjeffery/proglog/api/v1"
)

type Resolver struct {
    mu            sync.Mutex
    clientConn    resolver.ClientConn
    resolverConn  *grpc.ClientConn
    serviceConfig *serviceconfig.ParseResult
    logger        *zap.Logger
}
```

　Resolverは gRPC の resolver.Builder インタフェースと resolver.Resolver インタフェースを実装する型です。clientConn コネクションはユーザのクライアントコネクションで、gRPC はこれをリゾルバに渡して、リゾルバが発見したサーバで更新するようにします。resolverConnはリゾルバ自身のサーバへのクライアントコネクションなので、GetServersを呼び出してサーバを取得できます。

　Resolver型の後に、gRPCの resolver.Builder インタフェースを実装するために、次のコードを追加します。

```
var _ resolver.Builder = (*Resolver)(nil)

func (r *Resolver) Build(
    target resolver.Target,
    cc resolver.ClientConn,
    opts resolver.BuildOptions,
) (resolver.Resolver, error) {
    r.logger = zap.L().Named("resolver")
    r.clientConn = cc
    var dialOpts []grpc.DialOption
    if opts.DialCreds != nil {
        dialOpts = append(
```

```
            dialOpts,
            grpc.WithTransportCredentials(opts.DialCreds),
        )
    }
    r.serviceConfig = r.clientConn.ParseServiceConfig(
        fmt.Sprintf(`{"loadBalancingConfig":[{"%s":{}}]}`, Name),
    )
    var err error
    r.resolverConn, err = grpc.Dial(target.Endpoint, dialOpts...)
    if err != nil {
        return nil, err
    }
    r.ResolveNow(resolver.ResolveNowOptions{})
    return r, nil
}

const Name = "proglog"

func (r *Resolver) Scheme() string {
    return Name
}

func init() {
    resolver.Register(&Resolver{})
}
```

resolver.Builder インタフェースは、Build メソッドと Scheme メソッドの二つから構成されています。

- Build は、サーバを発見できるリゾルバを構築するのに必要なデータ（ターゲットアドレスなど）と、リゾルバが発見したサーバで更新するクライアントコネクションを受け取ります。Build は、リゾルバが GetServers API を呼び出せるように、私たちのサーバへのクライアントコネクションを設定します。
- Scheme は、リゾルバのスキーム識別子を返します。grpc.Dial を呼び出すと、gRPC は与えられたターゲットアドレスからスキームを解析し、一致するリゾルバを探そうとします（デフォルトは DNS リゾルバです）。私たちのリゾルバの場合、ターゲットアドレスは、proglog://your-service-address といった形式になります。

このリゾルバを init で gRPC に登録しているので、gRPC がターゲットのスキームに一致するリゾルバを探す際に、このリゾルバについて知ることになります。

init 関数の後に、gRPC の resolver.Resolver インタフェースを実装する次のコードを書きます。

ClientSideServiceDiscovery/internal/loadbalance/resolver.go

```go
var _ resolver.Resolver = (*Resolver)(nil)

func (r *Resolver) ResolveNow(resolver.ResolveNowOptions) {
    r.mu.Lock()
    defer r.mu.Unlock()
    client := api.NewLogClient(r.resolverConn)
    // クラスタを取得して、ClientConnの状態を更新する
    ctx := context.Background()
    res, err := client.GetServers(ctx, &api.GetServersRequest{})
    if err != nil {
        r.logger.Error(
            "failed to resolve server",
            zap.Error(err),
        )
        return
    }
    var addrs []resolver.Address
    for _, server := range res.Servers {
        addrs = append(addrs, resolver.Address{
            Addr: server.RpcAddr,
            Attributes: attributes.New(
                "is_leader",
                server.IsLeader,
            ),
        })
    }

    r.clientConn.UpdateState(resolver.State{
        Addresses:    addrs,
        ServiceConfig: r.serviceConfig,
    })
}

func (r *Resolver) Close() {
    if err := r.resolverConn.Close(); err != nil {
        r.logger.Error(
            "failed to close conn",
            zap.Error(err),
        )
    }
}
```

　resolver.Resolverインタフェースは、ResolveNowメソッドとCloseメソッドの二つから構成されます。gRPCは、ResolveNowを呼び出して、ターゲットを解決し、サーバを発見し、サーバとのクライアントコネクションを更新します。リゾルバがサーバを発見する方法は、リゾルバと扱うサービスによって異なります。たとえば、Kubernetes用に構築されたリゾルバは、Kubernetes

のAPIを呼び出してエンドポイントの一覧を取得できます。私たちのサービスではgRPCクライアントを作成し、クラスタのサーバを取得するためにGetServers APIを呼び出します。

サービスは、サービス設定で状態を更新することにより、クライアントがサービスへの呼び出しをどのようにバランスさせるかを指定できます。ここでは、「9.5　ピッカーでリクエストの送信先を決めて、バランスさせる」（192ページ）で書くproglogのロードバランサを使うように指定したサービス設定で状態を更新します。

ロードバランサが選択できるサーバを知らせるために、resolver.Addressのスライスで状態を更新します。resolver.Addressは、次の三つのフィールドを持っています。

- Addr（必須）：接続するサーバのアドレス
- Attributes（オプションですが有用です）：ロードバランサにとって有用なあらゆるデータを含むマップです。このフィールドを使って、どのサーバがリーダーで、どのサーバがフォロワーであるかをピッカーに伝えます。
- ServerName（オプションで、設定する必要はないでしょう）：Dialターゲット文字列から取得したホスト名ではなく、アドレスのトランスポート認証局として使われる名前です。

サーバを発見したら、resolver.Addressの値でUpdateStateを呼び出してクライアントコネクションを更新しています。api.Serverのデータでアドレスを設定しています。gRPCは、ResolveNowを並行に呼び出す可能性があるので、ミューテックスを使ってゴルーチン間のアクセスを保護しています。

Closeは、リゾルバを閉じます。私たちのリゾルバでは、Buildで作成したサーバへのコネクションを閉じています。

リゾルバのコードは以上です。テストしてみましょう。

internal/loadbalanceディレクトリにテストファイルresolver_test.goを作成して、次のコードで書き始めます。

ClientSideServiceDiscovery/internal/loadbalance/resolver_test.go

```
package loadbalance_test

import (
    "net"
    "testing"

    "github.com/stretchr/testify/require"
    "google.golang.org/grpc"
    "google.golang.org/grpc/attributes"
    "google.golang.org/grpc/credentials"
    "google.golang.org/grpc/resolver"
    "google.golang.org/grpc/serviceconfig"
```

```
    api "github.com/travisjeffery/proglog/api/v1"
    "github.com/travisjeffery/proglog/internal/config"
    "github.com/travisjeffery/proglog/internal/loadbalance"
    "github.com/travisjeffery/proglog/internal/server"
)

func TestResolver(t *testing.T) {
    l, err := net.Listen("tcp", "127.0.0.1:0")
    require.NoError(t, err)

    tlsConfig, err := config.SetupTLSConfig(config.TLSConfig{
        CertFile:      config.ServerCertFile,
        KeyFile:       config.ServerKeyFile,
        CAFile:        config.CAFile,
        Server:        true,
        ServerAddress: "127.0.0.1",
    })
    require.NoError(t, err)
    serverCreds := credentials.NewTLS(tlsConfig)

    srv, err := server.NewGRPCServer(&server.Config{
        GetServerer: &getServers{},  ◄
    }, grpc.Creds(serverCreds))
    require.NoError(t, err)

    go srv.Serve(l)
```

　このコードでは、テスト用リゾルバがいくつかのサーバを発見するためにサーバを設定します。矢印の行でモックの GetServerer を渡すことで、リゾルバが見つけるべきサーバを設定できるようにしています。

　前述のコードの後に、次のコードを書いて、テストコードを続けます。

ClientSideServiceDiscovery/internal/loadbalance/resolver_test.go

```
    conn := &clientConn{}
    tlsConfig, err = config.SetupTLSConfig(config.TLSConfig{
        CertFile:      config.RootClientCertFile,
        KeyFile:       config.RootClientKeyFile,
        CAFile:        config.CAFile,
        Server:        false,
        ServerAddress: "127.0.0.1",
    })
    require.NoError(t, err)
    clientCreds := credentials.NewTLS(tlsConfig)
    opts := resolver.BuildOptions{
        DialCreds: clientCreds,
    }
    r := &loadbalance.Resolver{}
```

```
        _, err = r.Build(
            resolver.Target{
                Endpoint: l.Addr().String(),
            },
            conn,
            opts,
        )
        require.NoError(t, err)
```

　このコードでは、テスト用リゾルバを作成して構築し、そのターゲットエンドポイントを前述したコードで設定したサーバを指すように設定しています。リゾルバは GetServers を呼び出してサーバを解決し、サーバのアドレスでクライアントコネクションを更新しています。

　前のコードの後に、次のコードを追加して、テストを完成させます。

ClientSideServiceDiscovery/internal/loadbalance/resolver_test.go

```
        wantState := resolver.State{
            Addresses: []resolver.Address{{
                Addr:       "localhost:9001",
                Attributes: attributes.New("is_leader", true),
            }, {
                Addr:       "localhost:9002",
                Attributes: attributes.New("is_leader", false),
            }},
        }
        require.Equal(t, wantState, conn.state)

        conn.state.Addresses = nil
        r.ResolveNow(resolver.ResolveNowOptions{})
        require.Equal(t, wantState, conn.state)
    }
```

　リゾルバがクライアントコネクションを期待したサーバとデータで更新したことを確認します。リゾルバが二つサーバを見つけ、9001番ポートのサーバをリーダーと認識することを期待しています。

　テストは、いくつかのモック型に依存しています。次のコードをファイルの最後に追加してください。

ClientSideServiceDiscovery/internal/loadbalance/resolver_test.go

```
    type getServers struct{}

    func (s *getServers) GetServers() ([]*api.Server, error) {
        return []*api.Server{{
            Id:       "leader",
            RpcAddr:  "localhost:9001",
            IsLeader: true,
```

```go
    }, {
        Id:      "follower",
        RpcAddr: "localhost:9002",
    }}, nil
}

type clientConn struct {
    resolver.ClientConn
    state resolver.State
}

func (c *clientConn) UpdateState(state resolver.State) error {
    c.state = state
    return nil
}

func (c *clientConn) ReportError(err error) {}

func (c *clientConn) NewAddress(addrs []resolver.Address) {}

func (c *clientConn) NewServiceConfig(config string) {}

func (c *clientConn) ParseServiceConfig(
    config string,
) *serviceconfig.ParseResult {
    return nil
}
```

　getServers構造体はGetServersメソッドを実装しており、その仕事はリゾルバが見つけるべき既知のサーバの集まりを返すことです。clientConn構造体はresolver.ClientConnインタフェースを実装しており、その仕事はリゾルバがクライアントコネクションを正しいデータで更新したことを検証できるように、リゾルバが更新した状態を保持することです。

　リゾルバのテストを実行し、合格することを確認します。そして、次はピッカーです。

9.5　ピッカーでリクエストの送信先を決めて、バランスさせる

　gRPCのアーキテクチャでは、ピッカーがRPCをバランスさせる処理を行います。リゾルバが発見したサーバの中から各RPCを処理するサーバを選ぶので、ピッカー（*picker*）と呼ばれます。ピッカーはRPC、クライアント、サーバに関する情報に基づいてRPCの送信先を決めることができます。したがって、その有用性は、バランスさせることにとどまらず、リクエストの送信先を決めるあらゆる種類のロジックに及んでいます。

　ピッカービルダを実装するには、internal/loadbalanceディレクトリに、picker.goというファイルを作成し、次のコードで書き始めます。

```
ClientSideServiceDiscovery/internal/loadbalance/picker.go
package loadbalance

import (
    "strings"
    "sync"
    "sync/atomic"

    "google.golang.org/grpc/balancer"
    "google.golang.org/grpc/balancer/base"
)

var _ base.PickerBuilder = (*Picker)(nil)

type Picker struct {
    mu        sync.RWMutex
    leader    balancer.SubConn
    followers []balancer.SubConn
    current   uint64
}

func (p *Picker) Build(buildInfo base.PickerBuildInfo) balancer.Picker {
    p.mu.Lock()
    defer p.mu.Unlock()
    var followers []balancer.SubConn
    for sc, scInfo := range buildInfo.ReadySCs {
        isLeader := scInfo.
            Address.
            Attributes.
            Value("is_leader").(bool)
        if isLeader {
            p.leader = sc
            continue
        }
        followers = append(followers, sc)
    }
    p.followers = followers
    return p
}
```

　ピッカーはリゾルバと同様にビルダパターンを使っています。gRPCはサブコネクションの
マップとそれらのサブコネクションに関する情報をBuildに渡してピッカーを設定します。裏
側では、gRPCはリゾルバが発見したアドレスに接続しています。このピッカーは、Consumeと
ConsumeStreamのRPCをフォロワーサーバに、ProduceとProduceStreamのRPCをリーダー
サーバに送信するようにします。resolver.AddressのAttributesフィールドは、サーバを区
別するのに役立ちます。

ピッカーを実装するために、Buildメソッドの後に、次のコードを追加します。

ClientSideServiceDiscovery/internal/loadbalance/picker.go

```go
var _ balancer.Picker = (*Picker)(nil)

func (p *Picker) Pick(info balancer.PickInfo) (
    balancer.PickResult, error) {
    p.mu.RLock()
    defer p.mu.RUnlock()
    var result balancer.PickResult
    if strings.Contains(info.FullMethodName, "Produce") ||
        len(p.followers) == 0 {
        result.SubConn = p.leader
    } else if strings.Contains(info.FullMethodName, "Consume") {
        result.SubConn = p.nextFollower()
    }
    if result.SubConn == nil {
        return result, balancer.ErrNoSubConnAvailable
    }
    return result, nil
}

func (p *Picker) nextFollower() balancer.SubConn {
    cur := atomic.AddUint64(&p.current, uint64(1))
    len := uint64(len(p.followers))
    idx := int(cur % len)
    return p.followers[idx]
}
```

balancer.Pickerインタフェースは、Pick(balancer.PickInfo)メソッドを一つ定義しています。gRPCは、ピッカーがどのサブコネクションを選べばよいかを知るのに役立てるために、RPCの名前とコンテキスト（context.Context）を含むbalancer.PickInfoをPickメソッドに渡します。ヘッダーのメタデータがある場合、コンテキストから読み取ることができます。Pickは、RPC呼び出しを行うべきサブコネクションを含むbalancer.PickResultを返します。オプションで、RPCが完了したときにgRPCが呼び出すDoneコールバック関数をbalancer.PickResultに設定できます。このコールバック関数には、RPCのエラー、トレーラ（*trailer*）のメタデータ、サーバとの間で送受信されたバイト数があったかどうかを含む情報が渡されます。

RPCのメソッド名から、その呼び出しがProduce（あるいはProduceStream）かConsume（あるいはConsumeStream）か、およびリーダーサブコネクションとフォロワーサブコネクションのどちらを選択すべきかを知ることができます。ラウンドロビンのアルゴリズムを使って、フォロワー間でConsumeとConsumeStreamのRPC呼び出しをバランスさせます。ファイルの最後に、次のコードを書いて、ピッカーをgRPCに登録し、ピッカーのコードを完成させます。

ClientSideServiceDiscovery/internal/loadbalance/picker.go

```go
func init() {
    balancer.Register(
        base.NewBalancerBuilder(Name, &Picker{}, base.Config{}),
    )
}
```

　ピッカーは呼び出しの送信先決定を行います。それは従来、バランスさせる処理と考えられていました。しかし、gRPCにはgRPCからの入力を受け取って、サブコネクションを管理し、接続状態を収集および集約するバランサ型（balancer.Balancer）があります。gRPCはベースとなるバランサを提供しているので、おそらく自分でバランサを書く必要はないです。

　ピッカーをテストしましょう。internal/loadbalanceディレクトリにテストファイルpicker_test.goを作成して、次のコードで書き始めます。

ClientSideServiceDiscovery/internal/loadbalance/picker_test.go

```go
package loadbalance_test

import (
    "testing"

    "google.golang.org/grpc/attributes"
    "google.golang.org/grpc/balancer"
    "google.golang.org/grpc/balancer/base"
    "google.golang.org/grpc/resolver"

    "github.com/stretchr/testify/require"

    "github.com/travisjeffery/proglog/internal/loadbalance"
)

func TestPickerNoSubConnAvailable(t *testing.T) {
    picker := &loadbalance.Picker{}
    for _, method := range []string{
        "/log.vX.Log/Produce",
        "/log.vX.Log/Consume",
    } {
        info := balancer.PickInfo{
            FullMethodName: method,
        }
        result, err := picker.Pick(info)
        require.Equal(t, balancer.ErrNoSubConnAvailable, err)
        require.Nil(t, result.SubConn)
    }
}
```

　TestPickerNoSubConnAvailableは、リゾルバがサーバを発見し、利用可能なサブコネクショ

ンでピッカーの状態を更新する前には、ピッカーがbalancer.ErrNoSubConnAvailableを返すことをテストしています。balancer.ErrNoSubConnAvailableは、ピッカーが利用可能なサブコネクションを持つまで、クライアントのRPCをブロックするようにgRPCに指示を出します。

TestPickerNoSubConnAvailableの後に、ピッカーがサブコネクションから選択することをテストする、次のコードを追加します。

ClientSideServiceDiscovery/internal/loadbalance/picker_test.go

```go
func TestPickerProducesToLeader(t *testing.T) {
    picker, subConns := setupTest()
    info := balancer.PickInfo{
        FullMethodName: "/log.vX.Log/Produce",
    }
    for i := 0; i < 5; i++ {
        gotPick, err := picker.Pick(info)
        require.NoError(t, err)
        require.Equal(t, subConns[0], gotPick.SubConn)
    }
}

func TestPickerConsumesFromFollowers(t *testing.T) {
    picker, subConns := setupTest()
    info := balancer.PickInfo{
        FullMethodName: "/log.vX.Log/Consume",
    }
    for i := 0; i < 5; i++ {
        pick, err := picker.Pick(info)
        require.NoError(t, err)
        require.Equal(t, subConns[i%2+1], pick.SubConn)
    }
}
```

TestPickerProducesToLeaderは、ピッカーがProduce呼び出しのためにリーダーのサブコネクションを選択することをテストします。TestPickerConsumesFromFollowersは、ピッカーがConsume呼び出しのためにラウンドロビンでフォロワーのサブコネクションを選択することをテストします。

ファイルの最後に、テストのヘルパー関数を定義するために次のコードを書きます。

ClientSideServiceDiscovery/internal/loadbalance/picker_test.go

```go
func setupTest() (*loadbalance.Picker, []*subConn) {
    var subConns []*subConn
    buildInfo := base.PickerBuildInfo{
        ReadySCs: make(map[balancer.SubConn]base.SubConnInfo),
    }
    for i := 0; i < 3; i++ {
        sc := &subConn{}
```

```
        addr := resolver.Address{
            Attributes: attributes.New("is_leader", i == 0),
        }
        // 0番目のサブコネクションは、リーダーです。
        sc.UpdateAddresses([]resolver.Address{addr})
        buildInfo.ReadySCs[sc] = base.SubConnInfo{Address: addr}
        subConns = append(subConns, sc)
    }
    picker := &loadbalance.Picker{}
    picker.Build(buildInfo)
    return picker, subConns
}

// subConnは、balancer.SubConnを実装している。
type subConn struct {
    addrs []resolver.Address
}

func (s *subConn) UpdateAddresses(addrs []resolver.Address) {
    s.addrs = addrs
}

func (s *subConn) Connect() {}
```

setupTestは、いくつかのモックサブコネクションを持つテスト用ピッカーを構築します。リゾルバの集まりと同じ属性を持つアドレスを含むビルド情報でピッカーを作成しています。

ピッカーのテストを実行し、合格することを確認します。これで、すべてを組み立てる準備が整いました。

9.6　エンド・ツー・エンドのディスカバリとバランスのテスト

エンド・ツー・エンドですべてをテストするために、エージェントのテストを更新する準備が整いました。つまり、リゾルバとピッカーを設定するクライアント、サーバを発見するリゾルバ、RPCごとにサブコネクションを選ぶピッカーです。

エージェントのテストであるinternal/agent/agent_test.goを開き、次のインポートを追加します。

ClientSideServiceDiscovery/internal/agent/agent_test.go

```
    "github.com/travisjeffery/proglog/internal/loadbalance"
```

次に、リゾルバとピッカーを使うように、client関数を更新します。

ClientSideServiceDiscovery/internal/agent/agent_test.go

```go
func client(
    t *testing.T,
    agent *agent.Agent,
    tlsConfig *tls.Config,
) api.LogClient {
    tlsCreds := credentials.NewTLS(tlsConfig)
    opts := []grpc.DialOption{
        grpc.WithTransportCredentials(tlsCreds),
    }
    rpcAddr, err := agent.Config.RPCAddr()
    require.NoError(t, err)
    conn, err := grpc.Dial(fmt.Sprintf(    ◀
        "%s:///%s",                          ◀
        loadbalance.Name,                    ◀
        rpcAddr,                             ◀
    ), opts...)                              ◀
    require.NoError(t, err)
    client := api.NewLogClient(conn)
    return client
}
```

矢印の行は、gRPCが私たちのリゾルバを使うことを分かるように、URLで私たちのスキームを
指定しています。

　エージェントのテストを実行すると、leaderClient.Consume() 呼び出しが失敗するようにな
ります。なぜでしょうか。以前は、各クライアントが一つのサーバに接続していました。つまり、
leaderClient はリーダーに接続していたわけです。レコードを書き込むと、leaderClient は
リーダーから読み出すので、すぐに読み出すことができました。つまり、リーダーがレコードを複
製することを待つ必要はありませんでした。しかし、今は、各クライアントがすべてのサーバに接
続し、リーダーに対してレコードを書き込み、フォロワーからレコードを読み出すため、リーダー
がフォロワーにレコードを複製することを待つ必要があります。

　leaderClient で読み出す前にサーバがレコードを複製することを待つように、テストを
更新します。followerClient.Consume() 呼び出しの前の time.Sleep を、leaderClient.
Consume() 呼び出しの前に移動させます。

ClientSideServiceDiscovery/internal/agent/agent_test.go

```go
    // レプリケーションが完了するまで待つ
    time.Sleep(3 * time.Second)

    consumeResponse, err := leaderClient.Consume(
        context.Background(),
        &api.ConsumeRequest{
            Offset: produceResponse.Offset,
        },
```

```
    )
    require.NoError(t, err)
    require.Equal(t, consumeResponse.Record.Value, []byte("foo"))

    followerClient := client(t, agents[1], peerTLSConfig)
    consumeResponse, err = followerClient.Consume(
        context.Background(),
        &api.ConsumeRequest{
            Offset: produceResponse.Offset,
        },
    )
    require.NoError(t, err)
    require.Equal(t, consumeResponse.Record.Value, []byte("foo"))
```

`make test`で再びテストを実行して、テストが合格することを確認します。

9.7 学んだこと

　gRPCが、サーバを解決しサーバ間で呼び出しをバランスさせる仕組みや、独自のリゾルバやピッカーを構築する方法を理解しました。これで、みなさんは、クライアントが動的にサーバを検出するように、独自のリゾルバを書けます。また、ピッカーが単なるロードバランスにとどまらず、独自の送信先決定ロジックを構築するのに有用であることも分かりました。

　第Ⅳ部では、サービスをデプロイして本稼働させる方法を説明します。

第IV部
デプロイ

10章
Kubernetesでローカルに
アプリケーションをデプロイ

フロドとサムワイズがホビット庄（*the Shire*）から滅びの山（*Mount Doom*）まで旅をした後、彼らの仕事は終わったのでしょうか。いや、あの指輪を火の中に投げ入れなければ、すべての旅は無駄になっていたでしょう。同じように、サービスを作るということは、それをデプロイして初めて意味があるのです。したがって、この章では、私たちのサービスのクラスタをデプロイします。

- エージェントのCLI（*Command-Line Interface*）を作成し、サービスを実行するための実行ファイルを用意します。
- KubernetesとHelmを設定して、ローカルマシンとクラウドプラットフォームの両方でサービスをオーケストレーション（*orchestration*）できるようにします。
- ローカルマシンで、私たちのサービスのクラスタを実行します。

準備はよいでしょうか。では、さっそく始めましょう。

10.1　Kubernetesとは

Kubernetes[†1]とは何であるかに答えるために多くの本がありますが、それらの本でもKubernetesでできることのすべてを網羅できていません。この本では、私たちの旅を続け、私たちのサービスをデプロイして運用するのに十分な、Kubernetesの実用的な知識を得るために必要な情報を説明します。なぜ、Kubernetesなのでしょうか。Kubernetesはどこにでもあり、すべてのクラウドプラットフォームで利用でき、分散サービスをデプロイするための標準に限りなく近いものです。

Kubernetesは、コンテナで動作するサービスのデプロイ、スケーリング、運用を自動化するためのオープンソースのオーケストレーションシステムです。Kubernetesが処理方法を知っているリソースを作成、更新、削除するために、KubernetesのREST APIを使って、Kubernetesに何を

---

†1　https://kubernetes.io

すべきかを指示します。Kubernetesは宣言型システムであり、あなたが望む最終的な状態を記述すると、Kubernetesはシステムを現在の状態から最終的な状態にするための変更を行います。

　Kubernetesのリソースで最もよく目にするのは、Kubernetesにおける最小のデプロイ可能な単位である**ポッド**（*pod*）です。コンテナをプロセス、ポッドをホストと考えてください。ポッド内で動作するすべてのコンテナは、同じネットワーク名前空間、同じIPアドレス、同じプロセス間通信（IPC：*Interprocess Communication*）名前空間を共有し、同じボリュームを共有できます。物理ホスト（Kubernetesでは**ノード**《*node*》と呼ぶ）で複数のポッドを実行できるため、ポッドは論理ホストです。その他のリソースは、ポッドの設定（ConfigMap、Secret）やポッドの集まりの管理（Deployment、StatefulSet、DaemonSet）のいずれかを行うことになります。独自のカスタムリソースやコントローラを作成することで、Kubernetesを拡張できます。

　コントローラ（*controller*）は、リソースの状態を監視し、必要に応じて変更を行う制御ループです。Kubernetes自身も多くのコントローラで構成されています。たとえば、DeploymentコントローラはDeploymentリソースを監視します。Deploymentのレプリカを増やせば、コントローラは多くのポッドをスケジュールします。

　Kubernetesと対話するには、そのコマンドラインツールであるkubectlが必要です。

10.2　kubectlのインストール

　Kubernetesのコマンドラインツールであるkubectl[†2]は、Kubernetesクラスタに対してコマンドを実行するために使われます。kubectlを使って、サービスのクラスタリソースを調べたり管理したり、ログを表示したりします。kubectlは単発の操作に使うようにしてください。サービスのデプロイやアップグレードなど、何度も実行する操作には、この章の後半で説明するHelmパッケージマネージャを使います。

　kubectlをインストールするために、次を実行します[†3]。

```
$ curl -LO \
https://storage.googleapis.com/kubernetes-release/release/\
v1.23.5/bin/$(uname)/amd64/kubectl
$ chmod +x ./kubectl
$ mv ./kubectl /usr/local/bin/kubectl
```

　kubectlが呼び出しと処理を行うには、KubernetesクラスタとそのAPIが必要です。次の節では、Kindツールを使って、Dockerでローカルのkubernetesクラスタを実行します。

[†2]　https://kubernetes.io/docs/reference/kubectl/
[†3]　訳注：macOSでは、$(uname) の部分を darwin にしないとうまく動作しません。また、Apple Silicon の macOS の場合、amd64 を arm64 に変更します。最新版を取得するには、v1.23.5 の部分を$(curl -s https://storage.googleapis.com/kubernetes-release/release/stable.txt) とします。

10.3　ローカル開発と継続的インテグレーションのためにKindを利用

Kind[†4]（*Kubernetes IN Docker*の頭文字）は、Kubernetesチームが開発した、DockerコンテナをノードとしてローカルKubernetesクラスタを実行するためのツールです。独自のKubernetesクラスタを実行する最も簡単な方法であり、ローカルでの開発、テスト、継続的インテグレーションに最適なツールです。

Kindをインストールするために、次を実行します[†5]。

```
$ curl -Lo ./kind https://kind.sigs.k8s.io/dl/v0.11.1/kind-$(uname)-amd64
$ chmod +x ./kind
$ mv ./kind /usr/local/bin/kind
```

Kindを使うには、Dockerをインストール[†6]する必要があります。あなたのオペレーティングシステムに対応したインストール手順を参照してください。

Dockerを起動した状態で、次を実行するとKindクラスタを作成できます。

```
$ kind create cluster
```

次のコマンドを実行することで、Kindがクラスタを作成し、それを使えるようにkubectlを設定したことを確認できます。

```
$ kubectl cluster-info
Kubernetes controle plane is running at https://127.0.0.1:46023
CoreDNS is running at \
https://127.0.0.1:46023/api/v1/namespaces/kube-system/services/kube-dns:dns/proxy
```

クラスタの問題をさらにデバッグして診断するには、kubectl cluster-info dumpを使います。

Kindは、クラスタ内の一つのKubernetesノードを表す一つのDockerコンテナを実行します。デフォルトでは、KindはKubernetesクラスタを機能させるために必要なものをすべて備えた一つのノードクラスタを実行します。次のコマンドを実行することで、Nodeコンテナを確認できます。

```
$ docker ps
CONTAINER ID IMAGE COMMAND CREATED ...
033de99b1e53 kindest/node:v1.21.1 "/usr/local/bin/entr…" 2 minutes...
```

これでKubernetesクラスタが稼働するようになりましたので、私たちのサービスをその上で実行させましょう。Kubernetesでサービスを実行するには、Dockerイメージが必要です。そして、

[†4]　https://kind.sigs.k8s.io
[†5]　訳注：Apple SiliconのmacOSの場合、amd64をarm64に変更します。
[†6]　https://docs.docker.com/install

Docker イメージには実行可能なエントリポイントが必要です。ここでは、サービスの実行ファイルとして機能するエージェント CLI を書いてみましょう。

10.4　エージェントのコマンドラインインタフェースの作成

　私たちのエージェント CLI は、Docker イメージのエントリポイントとして使われ、私たちのサービスを実行し、フラグを解析し、そしてエージェントを設定して実行するのに十分な機能を提供します。

　コマンドとフラグを扱うのに、Cobra[†7]ライブラリを使います。Cobra は、単純な CLI と複雑なアプリケーションの両方を作成するのに適しています。Go コミュニティでは、Kubernetes、Docker、Helm、Etcd、Hugo などのプロジェクトで使われています。そして、Cobra は、Go アプリケーションのための完全な設定ソリューションである Viper[†8]と呼ばれるライブラリと統合されています。

　まず、cmd/proglog/main.go ファイルを作成し、次のコードで書き始めます。

DeployLocally/cmd/proglog/main.go

```go
package main

import (
    "log"
    "os"
    "os/signal"
    "path"
    "syscall"

    "github.com/spf13/cobra"
    "github.com/spf13/viper"
    "github.com/travisjeffery/proglog/internal/agent"
    "github.com/travisjeffery/proglog/internal/config"
)

func main() {
    cli := &cli{}

    cmd := &cobra.Command{        ◀
        Use:     "proglog",        ◀
        PreRunE: cli.setupConfig,   ◀
        RunE:    cli.run,          ◀
    }                              ◀
```

---

† 7　https://github.com/spf13/cobra
† 8　https://github.com/spf13/viper

```
        if err := setupFlags(cmd); err != nil {
            log.Fatal(err)
        }

        if err := cmd.Execute(); err != nil {
            log.Fatal(err)
        }
    }
```

　矢印のコードは、私たちの唯一のコマンドを定義しています。このCLIはとても単純です。複雑なアプリケーションでは、`cobra.Command`はサブコマンドをまとめるルートコマンドとして機能します。Cobraは、コマンドが実行されると、`cobra.Command`に設定された`RunE`関数を呼び出します。コマンドの主要なロジックをその関数に入れるか、その関数から呼び出すようにします。Cobraでは、`RunE`の前後に実行するフック関数を実行できます[†9]。

　Cobraは、多くのサブコマンドを持つアプリケーションのために、永続フラグとフックを提供します（私たちのプログラムでは使いません）。永続フラグとフックは、現在のコマンドとそのすべてのサブコマンドに適用されます。永続的なフラグの一般的な使用例は、APIを内包するCLIにあります。そのようなCLIでは、すべてのサブコマンドがAPIのエンドポイントアドレスのためのフラグを必要とします。その場合、ルートコマンドで一度宣言した、すべてのサブコマンドが継承する`--api-addr`永続フラグを使うことになります。

　`cli`型と`cfg`型を定義するために、次のコードを追加します。

```
DeployLocally/cmd/proglog/main.go
    type cli struct {
        cfg cfg
    }

    type cfg struct {
        agent.Config
        ServerTLSConfig config.TLSConfig
        PeerTLSConfig   config.TLSConfig
    }
```

　私は通常、`cli`構造体を作り、そこに全コマンドに共通するロジックやデータを入れます。エラー処理なしでは解析できないフィールドの型、すなわち、`*net.TCPAddr`と`*tls.Config`を処理するために、`agent.Config`構造体とは別の`cfg`構造体を作っています。

　では、CLIのフラグを設定しましょう。

---

†9　訳注：ここのコード例では、`RunE`の前に実行する`PreRunE`のみが設定されています。

10.4.1　フラグの公開

cfg構造体宣言の後に、CLIのフラグを宣言するための次のコードを追加します。

```
DeployLocally/cmd/proglog/main.go
```

```go
func setupFlags(cmd *cobra.Command) error {
    hostname, err := os.Hostname()
    if err != nil {
        log.Fatal(err)
    }

    cmd.Flags().String("config-file", "", "Path to config file.")

    dataDir := path.Join(os.TempDir(), "proglog")
    cmd.Flags().String("data-dir",
        dataDir,
        "Directory to store log and Raft data.")
    cmd.Flags().String("node-name", hostname, "Unique server ID.")

    cmd.Flags().String("bind-addr",
        "127.0.0.1:8401",
        "Address to bind Serf on.")
    cmd.Flags().Int("rpc-port",
        8400,
        "Port for RPC clients (and Raft) connections.")
    cmd.Flags().StringSlice("start join-addrs",
        nil,
        "Serf addresses to join.")
    cmd.Flags().Bool("bootstrap", false, "Bootstrap the cluster.")

    cmd.Flags().String("acl-model-file", "", "Path to ACL model.")
    cmd.Flags().String("acl-policy-file", "", "Path to ACL policy.")

    cmd.Flags().String("server-tls-cert-file", "", "Path to server tls cert.")
    cmd.Flags().String("server-tls-key-file", "", "Path to server tls key.")
    cmd.Flags().String("server-tls-ca-file",
        "",
        "Path to server certificate authority.")

    cmd.Flags().String("peer-tls-cert-file", "", "Path to peer tls cert.")
    cmd.Flags().String("peer-tls-key-file", "", "Path to peer tls key.")
    cmd.Flags().String("peer-tls-ca-file",
        "",
        "Path to peer certificate authority.")

    return viper.BindPFlags(cmd.Flags())
}
```

これらのフラグは、あなたのCLIを呼び出す人がエージェントを設定し、デフォルトの設定を学

習することを可能にしています。

　flag.FlagSet.*Type*Varメソッドで、設定値を変数に直接設定できます。しかし、設定を直接
設定する場合の問題点は、すべての型をサポートするAPIが用意されているわけではないことで
す。たとえば、BindAddrの設定は*net.TCPAddrであり、stringから解析する必要があります。
同じ型のフラグが多くある場合、カスタムフラグ値[10]を定義することもできます。あるいは、単
にポインタを介した値を使えます。

　しかし、ファイルなどフラグ以外のものでサービスを設定したい場合はどうすればよいのでしょ
うか。動的な設定のために、ファイルから設定を読み込む方法についても見ていきます。

10.4.2　設定の管理

　Viperは、複数のソースを設定できる一元的な設定登録システムを提供し、その結果を一か所で
読み取ることができます。ユーザがフラグやファイルで設定を行うこともできますし、Consulの
ようなサービスから動的な設定を読み込むこともできます。Viperは、これらすべてをサポートし
ています。

　設定ファイルでは、実行中のサービスに対する動的な設定変更をサポートできます。サービス
は、設定ファイルの変更を監視し、それに応じて更新します。たとえば、デフォルトでINFOレベ
ルのログでサービスを実行している場合、実行中のサービスの問題をデバッグする際にはDEBUG
レベルのログが必要です。また、設定ファイルを使って、他のプロセスがそのサービスの設定を行
えます。私たちのサービスでの例として、サービスのコンテナの設定を行うinitコンテナについて
見てみます。

　データディレクトリ、バインドアドレス、RPCポート、ノード名など、設定しなければならない
項目については、使用可能なデフォルト値を設定しました。ユーザにフラグを設定させるのではな
く、使用可能なデフォルト値を設定するようにしてください。

　フラグを宣言したら、次はルートコマンドを実行してプロセスの引数を解析し、コマンドツリー
を検索して、実行する正しいコマンドを探します。コマンドは一つだけなので、Cobraには容易な
ことです。

　設定を行うための次のコードを追加します。

```
DeployLocally/cmd/proglog/main.go
func (c *cli) setupConfig(cmd *cobra.Command, args []string) error {
    configFile, err := cmd.Flags().GetString("config-file")
    if err != nil {
        return err
    }
    viper.SetConfigFile(configFile)
```

---

[10]　https://pkg.go.dev/flag#Value

```
        if err = viper.ReadInConfig(); err != nil {
            // 設定ファイルは、存在しなくても問題ない
            if _, ok := err.(viper.ConfigFileNotFoundError); !ok {
                return err
            }
        }

        c.cfg.DataDir = viper.GetString("data-dir")
        c.cfg.NodeName = viper.GetString("node-name")
        c.cfg.BindAddr = viper.GetString("bind-addr")
        c.cfg.RPCPort = viper.GetInt("rpc-port")
        c.cfg.StartJoinAddrs = viper.GetStringSlice("start-join-addrs")
        c.cfg.Bootstrap = viper.GetBool("bootstrap")
        c.cfg.ACLModelFile = viper.GetString("acl-mode-file")
        c.cfg.ACLPolicyFile = viper.GetString("acl-policy-file")
        c.cfg.ServerTLSConfig.CertFile = viper.GetString("server-tls-cert-file")
        c.cfg.ServerTLSConfig.KeyFile = viper.GetString("server-tls-key-file")
        c.cfg.ServerTLSConfig.CAFile = viper.GetString("server-tls-ca-file")
        c.cfg.PeerTLSConfig.CertFile = viper.GetString("peer-tls-cert-file")
        c.cfg.PeerTLSConfig.KeyFile = viper.GetString("peer-tls-key-file")
        c.cfg.PeerTLSConfig.CAFile = viper.GetString("peer-tls-ca-file")

        if c.cfg.ServerTLSConfig.CertFile != "" &&
            c.cfg.ServerTLSConfig.KeyFile != "" {
            c.cfg.ServerTLSConfig.Server = true
            c.cfg.Config.ServerTLSConfig, err = config.SetupTLSConfig(
                c.cfg.ServerTLSConfig,
            )
            if err != nil {
                return err
            }
        }

        if c.cfg.PeerTLSConfig.CertFile != "" &&
            c.cfg.PeerTLSConfig.KeyFile != "" {
            c.cfg.Config.PeerTLSConfig, err = config.SetupTLSConfig(
                c.cfg.PeerTLSConfig,
            )
            if err != nil {
                return err
            }
        }

        return nil
    }
```

setupConfig(cmd *cobra.Command, args []string) メソッドは、設定を読み込んで、エージェントの設定を準備します。Cobraは、コマンドのRunE関数を実行する前に、setupConfigを呼び出します。

次のrunメソッドを書いて、プログラムを書き終えます。

```
DeployLocally/cmd/proglog/main.go
```
```go
func (c *cli) run(cmd *cobra.Command, args []string) error {
    agent, err := agent.New(c.cfg.Config)
    if err != nil {
        return err
    }
    sigc := make(chan os.Signal, 1)
    signal.Notify(sigc, syscall.SIGINT, syscall.SIGTERM)
    <-sigc
    return agent.Shutdown()
}
```

`run(cmd *cobra.Command, args []string)` メソッドは、次の実行ファイルのロジックを
実行します。

- エージェントの作成
- オペレーティングシステムからのシグナルの処理
- オペレーティングシステムがプログラムを終了させる場合、エージェントをグレースフルに
  シャットダウン

Dockerイメージのエントリポイントとして使える実行ファイルができましたので、Dockerfile
を作成してイメージをビルドしてみましょう。

10.5　Dockerイメージのビルド

次の内容のコードでDockerfileを作成します。

```
DeployLocally/Dockerfile
```
```dockerfile
FROM golang:1.18-alpine AS build
WORKDIR /go/src/proglog
COPY . .
RUN CGO_ENABLED=0 go build -o /go/bin/proglog ./cmd/proglog

FROM scratch
COPY --from=build /go/bin/proglog /bin/proglog
ENTRYPOINT ["/bin/proglog"]
```

私たちのDockerfileはマルチステージビルドを採用しています。一つのステージでサービス
をビルドし、もう一つのステージでサービスを実行します。それにより、Dockerfileは読みやす
く、保守しやすく、ビルドが効率的になり、イメージを小さく保てます。

ビルドの段階では golang:1.18-alpine イメージを使います。なぜなら、Go コンパイラ、私たちのサービスが依存しているライブラリ、そして、おそらくさまざまなシステムライブラリが必要だからです。これらはディスク容量を取るので、バイナリをコンパイルした後は必要ありません。二つ目のステージでは、最小のDockerイメージである scratch の空イメージを使います。このイメージにバイナリをコピーし、それがデプロイするイメージとなります。

動的にリンクされたバイナリを実行するために必要なシステムライブラリが含まれていないため、scratch イメージでバイナリを実行するには静的にリンクしなければなりません。そのため、Cgoを無効にしています。それを有効にしていると、コンパイラが動的にリンクします。scratch イメージを使うと、コンテナをイミュータブル（不変）なものとして考えることができます。コンテナで実行し、ツールをインストールしたりファイルシステムを変更したりしてイメージを変更する代わりに、必要なツールを持つ短命のコンテナを実行することになります。

次に、Dockerイメージをビルドするためのターゲットを Makefile に追加するために、次の行をファイルの最後に追加します。

DeployLocally/Makefile

```
TAG ?= 0.0.1

build-docker:
    docker build -t github.com/travisjeffery/proglog:$(TAG) .
```

次のコマンドを実行して、イメージをビルド[†11]し、それをKindクラスタにロードします。

```
$ make build-docker
$ kind load docker-image github.com/travisjeffery/proglog:0.0.1
```

Dockerイメージができたので、Helmを使ってKubernetesでサービスのクラスタを構成し、実行する方法を見てみましょう。

10.6　Helmを使ったサービスの設定とデプロイ

Helm[†12]は Kubernetes のパッケージマネージャであり、Kubernetes にサービスを配布およびインストールできるようにするものです。Helm のパッケージは、**チャート**（*chart*）と呼ばれます。チャートは、Kubernetes クラスタでサービスを実行するために必要なすべてのリソース、たとえば、そのデプロイメント、サービス、永続ボリューム要求（*persistent volume claims*）などを定義します。Kubernetes 用のチャートは、Debian の Debian パッケージや、macOS の Homebrew

---

†11　訳注：Apple Silicon の macOS 上で Docker を使っている場合、3章で作成した internal/log/index.go の実装がコンパイルできません。https://github.com/YoshikiShibata/proglog リポジトリの DeployLocally/internal/log/index.go では、修正を行っています。詳しくは、コードを参照してください。

†12　https://helm.sh

フォーミュラのようなものです。サービス開発者であれば、自分のサービスのHelmチャートを構築して共有し、他の人がサービスを実行しやすくしたいと思うことでしょう（そして、もしあなたが自分のサービスをドッグフーディングしているならば、同じ恩恵を得られます）。

リリース（*release*）は、チャートを実行するインスタンスです。Kubernetesにチャートをインストールするたびに、Helmはリリースを作成します。DebianパッケージやHomebrewフォーミュラの例では、リリースはプロセスのようなものです。

そして最後に、リポジトリ（*repository*）は、チャートを共有したり、そこからチャートをインストールしたりする場所であり、DebianソースやHomebrewタップのようなものです。

Helmをインストールするには、次のコマンドを実行します。

```
$ curl https://raw.githubusercontent.com/helm/helm/master/scripts/get-helm-3 \
    | bash
```

私たち独自のHelmチャートを書く前に、試しにHelmを使って、既存のチャートをインストールしてみましょう。Bitnami[†13]は、広く使われているアプリケーションのチャートのリポジトリを管理しています。Bitnamiリポジトリを追加して、ウェブとプロキシサーバであるNginxチャートをインストールしましょう。

```
$ helm repo add bitnami https://charts.bitnami.com/bitnami
$ helm install my-nginx bitnami/nginx
```

helm listを実行して、リリースを確認できます。

```
$ helm list
NAME          NAMESPACE    REVISION    UPDATED     STATUS...
my-nginx      default      1           2020...     deployed...
```

Nginxにリクエストを行い、動作しているのかを確認してみましょう。

```
$ export POD_NAME=$(kubectl get pod \
    --selector=app.kubernetes.io/name=nginx \
    --template '{{index .items 0 "metadata" "name" }}')
$ export SERVICE_IP=$(kubectl get svc \
    --namespace default my-nginx --template "{{ .spec.clusterIP }}")
$ kubectl exec $POD_NAME curl $SERVICE_IP
  % Total    % Received % Xferd  Average Speed   Time    Time     Time  Current
                                 Dload  Upload   Total   Spent    Left  Speed
100   612  100   612    0     0   597k      0 --:--:-- --:--:-- --:--:--  597k
<html>
<head>
= Welcome to nginx
<style>
```

---

†13　https://bitnami.com/kubernetes

```
    body {
        width: 35em;
        margin: 0 auto;
        font-family: Tahoma, Verdana, Arial, sans-serif;
    }
</style>
</head>
<body>
<h1>Welcome to nginx!</h1>
<p>If you see this page, the nginx web server is successfully installed and
working. Further configuration is required.</p>

<p>For online documentation and support please refer to
<a href="http://nginx.org/">nginx.org</a>.<br/>
Commercial support is available at
<a href="http://nginx.com/">nginx.com</a>.</p>

<p><em>Thank you for using nginx.</em></p>
</body>
</html>
```

　Nginxを本番環境に導入する際にも、ユースケースに合わせた設定パラメータを設定する以外は、同じ手法で導入できます。HelmはNginxクラスタのインストールと設定を簡単にし、他のサービスも同じように管理できます。

　次のコマンドを実行して、Nginxのリリースをアンインストールしてください。

```
$ helm uninstall my-nginx
release "my-nginx" uninstalled
```

　では、私たち独自のチャートを構築しましょう。

10.6.1　独自のHelmチャートの構築

　この節では、私たちのサービスのHelmチャートを構築し、それを使ってKindクラスタにクラスタをインストールします。

　次のコマンドを実行して、Helmチャートを作成します。

```
$ mkdir deploy && cd deploy
$ helm create proglog
```

　Helmは新たなチャートとしてproglogディレクトリを作成し、Helmチャートがどのようなものかを示すサンプルを生成します。proglogディレクトリは、次のディレクトリとファイルを含んでいます。

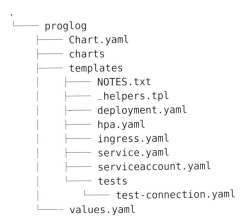

```
.
└── proglog
    ├── Chart.yaml
    ├── charts
    ├── templates
    │   ├── NOTES.txt
    │   ├── _helpers.tpl
    │   ├── deployment.yaml
    │   ├── hpa.yaml
    │   ├── ingress.yaml
    │   ├── service.yaml
    │   ├── serviceaccount.yaml
    │   └── tests
    │       └── test-connection.yaml
    └── values.yaml

4 directories, 10 files
```

`Chart.yaml` ファイルは、チャートを記述します。このファイルのデータには、テンプレートの中でアクセスできます。`charts` ディレクトリにはサブチャートを含められますが、私はサブチャートが必要だったことは一度もありません。

`values.yaml` は、チャートのデフォルト値を含んでいます。ユーザは、チャートのインストールやアップグレードの際に、これらの値を上書きできます（たとえば、サービスがリッスンするポート、サービスのリソース要件、ログレベルなど）。

`templates` ディレクトリは、有効なKubernetesマニフェストファイルを生成するために、あなたが指定した値を用いるテンプレートファイルが含まれています。Kubernetesは生成されたマニフェストファイルを適用して、サービスに必要なリソースをインストールします。Goのテンプレート言語を使ってHelmのテンプレートを記述します。

Kubernetesクラスタにリソースを適用せずに、`helm template` を実行することでローカルにテンプレートを生成できます。これは、Kubernetesが適用する生成されたリソースを確認できるため、テンプレートを開発しているときや、計画と適用という2段階のステップで変更を行いたい場合に便利です。

サンプルのチャートでHelmが作成するリソースを確認するために、次のコマンドを実行します。

```
$ helm template proglog
```

次のように表示されます。

```
---
# Source: proglog/templates/serviceaccount.yaml
apiVersion: v1
kind: ServiceAccount
metadata:
  name: release-name-proglog
```

```
  labels:

    helm.sh/chart: proglog-0.1.0
    app.kubernetes.io/name: proglog
    app.kubernetes.io/instance: release-name
    app.kubernetes.io/version: "1.16.0"
    app.kubernetes.io/managed-by: Helm
---
# Source: proglog/templates/service.yaml
...以下省略...
```

サンプルのテンプレートは必要ないので、次のコマンドを実行して削除します。

```
$ rm proglog/templates/**/*.yaml proglog/templates/NOTES.txt
```

一般にHelmチャートには、リソース種別ごとにテンプレートファイルが用意されています。私たちのサービスでは、StatefulSetとServiceという二つのリソース種別が必要なので、`statefulset.yaml`ファイルと`service.yaml`ファイルを用意します。StatefulSetから始めます。

10.6.1.1　KubernetesでのStatefulSet

ログを永続化する私たちのサービスのように、Kubernetesでステートフル（*statefull*）なアプリケーションを管理するには、StatefulSetを使います。次のうち一つ以上が必要なサービスには、StatefulSetが必要です。

- **安定した一意のネットワーク識別子**：サービスの各ノードには、識別子として一意なノード名が必要です。
- **安定した永続的なストレージ**：私たちのサービスは、書き込まれたデータが再起動後も永続化されていることを期待しています。
- **順序付けられた正常なデプロイとスケーリング**：私たちのサービスは、クラスタをブートストラップし、後続のノードをそのクラスタに参加させるために最初のノードを必要とします。
- **順序付けられた自動ローリングアップデート**（*automated rolling updates*）：クラスタには常にリーダーが必要であり、リーダーをローリングする際には、次のノードをローリングする前に新たなリーダーを選出するのに十分な時間をクラスタに与える必要があります。

「安定した」というのは、再起動やスケーリングのようなスケジューリングの変更でも変わらないことを意味します。

もし、あなたのサービスがステートフルではなく、これらの機能を必要としないのなら、StatefulSetの代わりにDeploymentを使うべきです。たとえば、Postgresのようなリレーショ

ナルデータベースに永続化する API サービスです。この API サービスはステートレスなので
Deployment で実行し、Postgres は StatefulSet で実行することになります。

次のコードで、deploy/proglog/templates/statefulset.yaml ファイルを作成します。

```
DeployLocally/deploy/proglog/templates/statefulset.yaml

apiVersion: apps/v1
kind: StatefulSet
metadata:
  name: {{ include "proglog.fullname" . }}
  namespace: {{ .Release.Namespace }}
  labels: {{ include "proglog.labels" . | nindent 4 }}
spec:
  selector:
    matchLabels: {{ include "proglog.selectorLabels" . | nindent 6 }}
  serviceName: {{ include "proglog.fullname" . }}
  replicas: {{ .Values.replicas }}
  template:
    metadata:
      name: {{ include "proglog.fullname" . }}
      labels: {{ include "proglog.labels" . | nindent 8 }}
    spec:
      # initContainers...
      # containers...
  volumeClaimTemplates:
  - metadata:
      name: datadir
    spec:
      accessModes: [ "ReadWriteOnce" ]
      resources:
        requests:
          storage: {{ .Values.storage }}
```

コードを小さくするために、spec の initContainers と containers フィールドは省略し
ました（これらは後で記入します）。ここで注目すべきは、私たちの StatefulSet に、Persistent
VolumeClaim の datadir があることです[14]。PersistentVolumeClaim は、クラスタのストレー
ジを要求しています。この構成に基づけば、Kubernetes はローカルディスクやクラウドプラット
フォームが提供するディスクなどでこの要求を満たせます。Kubernetes は、ストレージの取得と
コンテナへのバインドを行います。

次に、前述のコードの# initContainers...部分を、次のコードで置き換えます。

---

[14] 訳注：volumeClaimTemplates が記述されていることにより、ポッドごとに PersistentVolumeClaim が作成されます。

DeployLocally/deploy/proglog/templates/statefulset.yaml

```
  initContainers:
- name: {{ include "proglog.fullname" . }}-config-init
  image: busybox
  imagePullPolicy: IfNotPresent
  command:
    - /bin/sh
    - -c
    - |-
      ID=$(echo $HOSTNAME | rev | cut -d- -f1 | rev)
      cat > /var/run/proglog/config.yaml <<EOD
      data-dir: /var/run/proglog/data
      rpc-port: {{.Values.rpcPort}}
      # 次の三つのキー/バリューは、各々が1行になるようにしてください。
      # 紙面の都合上、複数の行に分割されています。
      bind-addr: \
         "$HOSTNAME.proglog.{{.Release.Namespace}}.svc.cluster.local:\
           {{.Values.serfPort}}"
      bootstrap: $([ $ID = 0 ] && echo true || echo false)
      $([ $ID != 0 ] && echo 'start-join-addrs: \
         "proglog-0.proglog.{{.Release.Namespace}}.svc.cluster.local:\
           {{.Values.serfPort}}"')
      EOD
  volumeMounts:
  - name: datadir
    mountPath: /var/run/proglog
```

　init コンテナは、containers フィールドに記載されている StatefulSet のアプリケーションコンテナの前に完了するように実行されます。config-init コンテナは、サービスの設定ファイルを設定します。Raft クラスタをブートストラップするために、最初のサーバを設定しています。そして、後続のサーバがクラスタに参加するように設定しています。コンテナに datadir ボリュームをマウントして、後でアプリケーションコンテナが読み込むのと同じ設定ファイルに書き込めるようにします。

　# containers... 部分を、次のコードで置き換えます。

DeployLocally/deploy/proglog/templates/statefulset.yaml

```
  containers:
- name: {{ include "proglog.fullname" . }}
  image: "{{ .Values.image.repository }}:{{ .Values.image.tag }}"
  ports:
  - containerPort: {{ .Values.rpcPort }}
    name: rpc
  - containerPort: {{ .Values.serfPort }}
    name: serf
  args:
    - --config-file=/var/run/proglog/config.yaml
```

```
    # probes...
    volumeMounts:
    - name: datadir
      mountPath: /var/run/proglog
```

このコンテナは、StatefulSetのアプリケーションコンテナを定義しています。設定ファイルの読み込みとログの永続化のために、コンテナにボリュームをマウントします。フラグを使って、設定ファイルがどこにあるかをサービスに伝えています。

10.6.1.2　コンテナプローブとgRPCヘルスチェック

Kubernetesは、サービスの信頼性を向上させるためにコンテナに対してアクションを起こす必要があるかどうかを知るのに、**プローブ**（*probe*）を使います。サービスでは通常、プローブがヘルスチェックのエンドポイントに対してリクエストを行い、そのエンドポイントはサービスのヘルス（健康状態）で応答します。

次の3種類のプローブがあります。

- **ライブネスプローブ**（*liveness probe*）：コンテナが生きていることを知らせるのがライブネスプローブです。コンテナがライブネスプローブに応答しない場合、Kubernetesがコンテナを再起動させます。Kubernetesは、コンテナの生存期間を通じて、ライブネスプローブを呼び出します。
- **レディネスプローブ**（*readiness probes*）：レディネスプローブは、コンテナがトラフィックを受け入れる準備ができているかどうかを検査し、そうではない場合はKubernetesがサービス・ロード・バランサからポッドを削除します。Kubernetesはコンテナの生存期間を通じて、レディネスプローブを呼び出します。
- **スタートアッププローブ**（*startup probe*）：コンテナアプリケーションが起動したことを知らせる「スタートアッププローブ」によって、Kubernetesはライブネスプローブやレディネスプローブを開始できるようになります。分散サービスは、多くの場合、初期化される前にサービスディスカバリを経て、クラスタとの合意形成に参加する必要があります。もし、サービスの初期化が終了する前にライブネスプローブが失敗した場合、サービスは継続的に再起動されることになります。スタートアップ後、Kubernetesはスタートアッププローブを再び呼び出すことはありません。

これらのプローブは、サービスの信頼性向上に役立つはずですが、注意深く実装しないとインシデントを引き起こす可能性があります（初期化が完了する前にコンテナを再起動するライブネスプローブの例のように）。サービスの信頼性を向上させることに特化したシステムは、サービス単体よりも多くのインシデントを引き起こす可能性があります。

プローブの実行方法は三つあります。

- サーバに対してHTTPリクエストを行います。
- サーバに対してTCPソケットをオープンします。
- コンテナ内のコマンドを実行します（たとえば、PostgresにはPostgresサーバに接続する pg_isready というコマンドがあります）。

最初の二つは、イメージに余分なバイナリを必要としないため軽量です。しかし、独自のプロトコルを使う場合、コマンドのほうが正確であり、必要となることがあります。

gRPCサービスでは、慣習的に grpc_health_probe コマンドを使い、サーバがgRPCヘルス・チェック・プロトコル（*gRPC Health Checking Protocol*[15]）を満たすことを期待しています。私たちのサーバは、次のように定義されたサービスを公開する必要があります。

```proto
syntax = "proto3";

package grpc.health.v1;

message HealthCheckRequest {
  string service = 1;
}

message HealthCheckResponse {
  enum ServingStatus {
    UNKNOWN = 0;
    SERVING = 1;
    NOT_SERVING = 2;
  }
  ServingStatus status = 1;
}

service Health {
  rpc Check(HealthCheckRequest) returns (HealthCheckResponse);

  rpc Watch(HealthCheckRequest) returns (stream HealthCheckResponse);
}
```

ヘルスチェックのサービスを公開するために、サーバを更新します。

internal/server/server.go を開き、矢印の行のインポートを追加します。

DeployLocally/internal/server/server.go

```go
import (
    "context"
    "time"
```

---

[15] https://github.com/grpc/grpc/blob/master/doc/health-checking.md

```
        api "github.com/travisjeffery/proglog/api/v1"

        grpc_middleware "github.com/grpc-ecosystem/go-grpc-middleware"
        grpc_auth "github.com/grpc-ecosystem/go-grpc-middleware/auth"
        grpc_zap "github.com/grpc-ecosystem/go-grpc-middleware/logging/zap"
        grpc_ctxtags "github.com/grpc-ecosystem/go-grpc-middleware/tags"

        "go.opencensus.io/plugin/ocgrpc"
        "go.opencensus.io/stats/view"
        "go.opencensus.io/trace"

        "go.uber.org/zap"
        "go.uber.org/zap/zapcore"

        "google.golang.org/grpc"
        "google.golang.org/grpc/codes"
        "google.golang.org/grpc/credentials"
        "google.golang.org/grpc/peer"
        "google.golang.org/grpc/status"

        "google.golang.org/grpc/health"                              ◄
        healthpb "google.golang.org/grpc/health/grpc_health_v1"      ◄
    )
```

次に、NewGRPCServer関数を更新して、次の矢印の行を含めます。

DeployLocally/internal/server/server.go

```
    func NewGRPCServer(config *Config, grpcOpts ...grpc.ServerOption) (
        *grpc.Server,
        error,
    ) {
        logger := zap.L().Named("server")
        zapOpts := []grpc_zap.Option{
            grpc_zap.WithDurationField(
                func(duration time.Duration) zapcore.Field {
                    return zap.Int64(
                        "grpc.time_ns",
                        duration.Nanoseconds(),
                    )
                },
            ),
        }

        trace.ApplyConfig(trace.Config{
            DefaultSampler: trace.AlwaysSample(),
        })
        err := view.Register(ocgrpc.DefaultServerViews...)
        if err != nil {
            return nil, err
```

```
    }

    grpcOpts = append(grpcOpts,
        grpc.StreamInterceptor(
            grpc_middleware.ChainStreamServer(
                grpc_ctxtags.StreamServerInterceptor(),
                grpc_zap.StreamServerInterceptor(
                    logger, zapOpts...,
                ),
                grpc_auth.StreamServerInterceptor(
                    authenticate,
                ),
        )), grpc.UnaryInterceptor(
            grpc_middleware.ChainUnaryServer(
                grpc_ctxtags.UnaryServerInterceptor(),
                grpc_zap.UnaryServerInterceptor(
                    logger, zapOpts...,
                ),
                grpc_auth.UnaryServerInterceptor(
                    authenticate,
                ),
        )),
        grpc.StatsHandler(&ocgrpc.ServerHandler{}),
    )
    gsrv := grpc.NewServer(grpcOpts...)

    hsrv := health.NewServer()                                              ◀
    hsrv.SetServingStatus("", healthpb.HealthCheckResponse_SERVING)         ◀
    healthpb.RegisterHealthServer(gsrv, hsrv)                               ◀

    srv, err := newgrpcServer(config)
    if err != nil {
        return nil, err
    }
    api.RegisterLogServer(gsrv, srv)
    return gsrv, nil
}
```

　矢印の行は、ヘルス・チェック・プロトコルをサポートするサービスを作成します。サービスが生きていて、接続を受け入れる準備ができていることをプローブが知ることができるように、そのサービスのステータスを`HealthCheckResponse_SERVING`に設定しています。次に、gRPCがこのサービスのエンドポイントを呼び出せるように、このサービスをサーバに登録しています。

　`deploy/proglog/templates/statefulset.yaml`ファイルの`# probes...`を次のコードで置き換えて、Kubernetesに私たちのサービスのプローブ方法を伝えます。

```
DeployLocally/deploy/proglog/templates/statefulset.yaml
```
```
readinessProbe:
  exec:
    command: ["/bin/grpc_health_probe", "-addr=:{{ .Values.rpcPort }}"]
  initialDelaySeconds: 10
livenessProbe:
  exec:
    command: ["/bin/grpc_health_probe", "-addr=:{{ .Values.rpcPort }}"]
  initialDelaySeconds: 10
```

次の矢印の行をDockerfileに追加して、grpc_health_probe実行ファイルをイメージにインストールします[†16]。

```
DeployLocally/Dockerfile
```
```
FROM golang:1.18-alpine AS build
WORKDIR /go/src/proglog
COPY . .
RUN CGO_ENABLED=0 go build -o /go/bin/proglog ./cmd/proglog

RUN GRPC_HEALTH_PROBE_VERSION=v0.4.8 && \                                          ◄
    wget -qO/go/bin/grpc_health_probe \                                           ◄
    https://github.com/grpc-ecosystem/grpc-health-probe/releases/download/\       ◄
${GRPC_HEALTH_PROBE_VERSION}/grpc_health_probe-linux-arm64 && \                   ◄
    chmod +x /go/bin/grpc_health_probe                                            ◄

FROM alpine
COPY --from=build /go/bin/proglog /bin/proglog
COPY --from=build /go/bin/grpc_health_probe /bin/grpc_health_probe                ◄
ENTRYPOINT ["/bin/proglog"]
```

Helmチャートで最後に定義する必要があるリソースはServiceです。

10.6.1.3　Kubernetesのサービス

Kubernetesの**サービス**（*Service*）は、アプリケーションをネットワークサービスとして公開します。サービスが適用されるポッド（*Pod*）やポッドへのアクセス方法を指定するポリシーでサービスを定義します。

4種類のサービスが、Podを公開する方法を指定します。

- *ClusterIP*：Kubernetesクラスタ内でのみ到達可能なように、ロードバランスされたクラスタ内部IPでServiceを公開します。これはデフォルトのサービス種別です。
- *NodePort*：NodePortは、各NodeのIPにあるServiceを静的なポートで公開します。Node

---

†16　訳注：Apple Silicon の macOS の場合、amd64 となっている部分を arm64 に変更します。

にPodがなくても、Kubernetesはルーティングを設定するので、サービスのポートでNode
をリクエストすれば、適切な場所にリクエストをリダイレクトします。NodePortのサービ
スは、Kubernetesクラスタの外からでもリクエストできます。

- *LoadBalancer*：LoadBalancerは、クラウド事業者のロードバランサを利用してサービスを
外部に公開します。LoadBalancerサービスは、ClusterIPとNodeIPのサービスを背後で自
動的に作成し、それらのサービスへの経路を管理します。

- *ExternalName*：DNS名のエイリアスを作成するための特別なサービスです。

　私は、NodePortサービス（LoadBalancerサービスが作成するものは別として）の利用を勧めま
せん。サービスを利用するにはノードのIPを知る必要があり、すべてのノードを保護する必要が
あり、ポートの競合に対処しなければなりません。それよりも、内部ネットワークにアクセスでき
るポッドを実行できるのなら、LoadBalancerサービスやClusterIPサービスを利用することを勧
めます。

　次のコードで、サービステンプレート用のdeploy/proglog/templates/service.yamlファ
イルを作成します。

```
DeployLocally/deploy/proglog/templates/service.yaml
apiVersion: v1
kind: Service
metadata:
  name: {{ include "proglog.fullname" . }}
  namespace: {{ .Release.Namespace }}
  labels: {{ include "proglog.labels" . | nindent 4 }}
spec:
  clusterIP: None
  publishNotReadyAddresses: true
  ports:
    - name: rpc
      port: {{ .Values.rpcPort }}
      targetPort: {{ .Values.rpcPort }}
    - name: serf-tcp
      protocol: "TCP"
      port: {{ .Values.serfPort }}
      targetPort: {{ .Values.serfPort }}
    - name: serf-udp
      protocol: "UDP"
      port: {{ .Values.serfPort }}
      targetPort: {{ .Values.serfPort }}
  selector: {{ include "proglog.selectorLabels" . | nindent 4 }}
```

　このコードでは、ヘッドレス（*headless*）サービスを定義しています[17]。ヘッドレスサービ

---

[17]　訳注：clusterIPをNoneと定義することで、ヘッドレスサービスを定義しています。

スは、単一の IP にロードバランスしません。分散サービスが独自のサービスディスカバリ手段
を持っている場合、ヘッドレスサービスを使います。私たちのサービスにセレクタを定義する
ことで、Kubernetes のエンドポイントコントローラ（*endpoint controller*）は、サービスを動作
させているポッドを指すレコードを返すように DNS の設定を変更します。つまり、各ポッド
は proglog-{{id}}.proglog.{{namespace}}.svc.cluster.local のような独自の DNS レ
コードを取得し、サーバはこれらのレコードを使って互いを発見します。

10.7　完全修飾ドメイン名でRaftを公開する

　現在、Raft のアドレスをトランスポートのローカルアドレスとして設定し、サーバはそのアド
レスを:8400 として公開するようにしています。代わりに完全修飾ドメイン名（*fully qualified
domain name*）を使い、ノードがクラスタとクライアントに自分自身を適切に公開できるようにし
ます。

　internal/log/config.go ファイルで、Config を次のように変更します。

```
DeployLocally/internal/log/config.go
  type Config struct {
    Raft struct {
        raft.Config
        BindAddr    string   ◀
        StreamLayer *StreamLayer
        Bootstrap   bool
    }
    Segment struct {
        MaxStoreBytes uint64
        MaxIndexBytes uint64
        InitialOffset uint64
    }
  }
```

　設定したバインドアドレスを使うように、DistributedLog のブートストラップのコードを次
のように変更します。

```
DeployLocally/internal/log/distributed.go
    if l.config.Raft.Bootstrap && !hasState {
        config := raft.Configuration{
            Servers: []raft.Server{{
                ID:      config.LocalID,
                Address: raft.ServerAddress(l.config.Raft.BindAddr),  ◀
            }},
        }
        err = l.raft.BootstrapCluster(config).Error()
```

```
    }
```

そして、distributed_test.goファイルで、ログ設定を更新して、アドレスを設定します。

DeployLocally/internal/log/distributed_test.go

```
        config := log.Config{}
        config.Raft.StreamLayer = log.NewStreamLayer(ln, nil, nil)
        config.Raft.LocalID = raft.ServerID(fmt.Sprintf("%d", i))
        config.Raft.HeartbeatTimeout = 50 * time.Millisecond
        config.Raft.ElectionTimeout = 50 * time.Millisecond
        config.Raft.LeaderLeaseTimeout = 50 * time.Millisecond
        config.Raft.CommitTimeout = 5 * time.Millisecond
        config.Raft.BindAddr = ln.Addr().String() ◀
```

ログのテストを実行して、合格することを確認します。

最後にagent.goファイルで、setupMuxメソッドとsetupLogメソッドを更新して、muxと
Raftインスタンスを設定します。

DeployLocally/internal/agent/agent.go

```
func (a *Agent) setupMux() error {
    addr, err := net.ResolveTCPAddr("tcp", a.Config.BindAddr) ◀
    if err != nil {                                           ◀
        return err                                            ◀
    }                                                         ◀
    rpcAddr := fmt.Sprintf(                                   ◀
        "%s:%d",                                              ◀
        addr.IP.String(),                                     ◀
        a.Config.RPCPort,                                     ◀
    )                                                         ◀
    ln, err := net.Listen("tcp", rpcAddr)
    if err != nil {
        return err
    }
    a.mux = cmux.New(ln)
    return nil
}

func (a *Agent) setupLog() error {
    // ...
    logConfig := log.Config{}
    logConfig.Raft.StreamLayer = log.NewStreamLayer(
        raftLn,
        a.Config.ServerTLSConfig,
        a.Config.PeerTLSConfig,
    )
    rpcAddr, err := a.Config.RPCAddr() ◀
    if err != nil {                    ◀
```

```
        return err                        ◀
    }                                     ◀
    logConfig.Raft.BindAddr = rpcAddr     ◀
    logConfig.Raft.LocalID = raft.ServerID(a.Config.NodeName)
    logConfig.Raft.Bootstrap = a.Config.Bootstrap
    // ...
}
```

これで、Kubernetesクラスタにサービスをデプロイする準備が整いました。

10.7.1　Helmチャートのインストール

Helmのチャートを書き終えたので、Kindクラスタにインストールして、私たちのサービスのクラスタを実行できます。

次のコマンドを実行することでHelmが生成するものを確認できます。

```
$ helm template proglog deploy/proglog
```

リポジトリは、まだデフォルトの nginx に設定されていることが分かります。deploy/
proglog/values.yaml ファイルを開いて、内容全体を次のように置き換えてください。

DeployLocally/deploy/proglog/values.yaml
```
# Default values for proglog.
image:
  repository: github.com/travisjeffery/proglog
  tag: 0.0.1
  pullPolicy: IfNotPresent
serfPort: 8401
rpcPort: 8400
replicas: 3
storage: 1Gi
```

values.yml の要点は、デフォルトを設定し、ユーザが設定を変更する必要がある場合、どのようなパラメータを設定できるかを示すことです。

訳者による追記

完全修飾ドメイン名で公開するように修正しているので、ライブネスプローブとレディネスプローブを正しく動作させるために、statefulset.yaml の設定を変更する必要があります（紙面に収まらないので、.proglog. の後で改行していますが、1行にしてください）。次のように修正してください。

```
      readinessProbe:
        exec:
          command:
            - /bin/sh
            - -c
            - |-
              /bin/grpc_health_probe -addr=$HOSTNAME.proglog.\
{{.Release.Namespace}}.svc.cluster.local:{{.Values.rpcPort}}
        initialDelaySeconds: 10
      livenessProbe:
        exec:
          command:
            - /bin/sh
            - -c
            - |-
              /bin/grpc_health_probe -addr=$HOSTNAME.proglog.\
{{.Release.Namespace}}.svc.cluster.local:{{.Values.rpcPort}}
        initialDelaySeconds: 10
```

この修正で/bin/shコマンドを使っているので、Dockerイメージがそのコマンドを含むように Dockerfile の FROM scratch を FROM alpine に変更します。これらの変更を行った後、再び次のコマンドを実行します。

```
$ make build-docker
$ kind load docker-image github.com/travisjeffery/proglog:0.0.1
```

では、次のコマンドを実行して、チャートをインストールします。

```
$ helm install proglog deploy/proglog
```

数秒待つと、Kubernetesが三つのPodを設定しているのが確認できます。kubectl get pods を実行すると、ポッドの一覧を表示できます。三つのPodが準備できたら、APIをリクエストしてみます。

Kubernetesにポッドやサービスのポートを自分のコンピュータのポートに転送するように指示すれば、ロードバランサを使わずにKubernetes内部で動いているサービスにリクエストを出せます[18]。

---

[18] 訳注：翻訳時点で、kubectl port-forward では期待したとおりの動作はしていません。Krew (https://krew.s igs.k8s.io/docs/user-guide/quickstart/) をインストールして、kubectl krew install relay で relay プラグイン (https://github.com/knight42/krelay) をインストールしてください。そして、次のように指示します。
　　kubectl relay host/proglog-0.proglog.default.svc.cluster.local 8400
これで、完全修飾ドメイン名に対応しているポッドへリクエストを出せます。

```
$ kubectl port-forward pod/proglog-0 8400:8400
```

これで、Kubernetesの外部で動作しているプログラムから、:8400でサービスにリクエストを送ることができます。

サーバの一覧を取得する簡単な実行ファイルを書いてみましょう。次のような cmd/get servers/main.go ファイルを作成します。

DeployLocally/cmd/getservers/main.go
```go
package main

import (
    "context"
    "flag"
    "fmt"
    "log"

    api "github.com/travisjeffery/proglog/api/v1"
    "google.golang.org/grpc"
    "google.golang.org/grpc/credentials/insecure"
)

func main() {
    addr := flag.String("addr", ":8400", "service address")
    flag.Parse()
    conn, err := grpc.Dial(*addr,
        grpc.WithTransportCredentials(insecure.NewCredentials()))
    if err != nil {
        log.Fatal(err)
    }
    client := api.NewLogClient(conn)
    ctx := context.Background()
    res, err := client.GetServers(ctx, &api.GetServersRequest{})
    if err != nil {
        log.Fatal(err)
    }
    fmt.Println("servers:")
    for _, server := range res.Servers {
        fmt.Printf("- %v\n", server)
    }
}
```

次のようにコマンドを実行して、私たちのサービスにサーバの一覧を取得するリクエストを送り、一覧を表示させます。

```
$ go run cmd/getservers/main.go
```

次の出力が表示されるはずです。

```
servers:
- id:"proglog-0" rpc_addr:"proglog-0.proglog.default.svc.cluster.local:8400"
- id:"proglog-1" rpc_addr:"proglog-1.proglog.default.svc.cluster.local:8400"
- id:"proglog-2" rpc_addr:"proglog-2.proglog.default.svc.cluster.local:8400"
```

これは、私たちのクラスタ内の3台のサーバがすべて正常にクラスタに参加し、互いに協調しているれことを意味します。

10.8　学んだこと

この章では、Kubernetesの基礎と、Kindを使って自分のマシンまたはCI上で実行できるKubernetesクラスタをセットアップする方法について学びました。また、Helmチャートの作成方法と、作成したHelmチャートをKubernetesにインストールしてサービスのクラスタを実行する方法も学びました。次の章では、学んだ知識をもとに、クラウドプラットフォームにサービスをデプロイします。

11章
アプリケーションをKubernetes でクラウドにデプロイ

　前の章では、サービスをデプロイできるようにする作業を行いましたが、ローカルにしかデプロイしませんでした。この章では、サービスをクラウドにデプロイし、インターネット上に公開します。Kubernetesは、コンテナ、ネットワーク、ボリュームなど、アプリケーションに必要なリソースを抽象化しています。これは、Goがオペレーティングシステムとプロセッサアーキテクチャを抽象化し、それぞれで同じプログラムを実行できるようにするのに似ています。そのため、ローカルのKubernetesクラスタをクラウドに移行するために必要な変更は、ほとんどありません。

　三つのクラウドプラットフォームが主流です。Google Cloud Platform（GCP）[†1]、Amazon Web Services（AWS）[†2]、Microsoft Azure[†3]です。三つのプラットフォームはすべて、類似している機能と独自のKubernetesサービスを提供しています。Kubernetesがプラットフォーム間の違いを補うことで、どれかにデプロイしたり、プロバイダを簡単に移ったり（プロバイダと値段交渉したり）、同時に全部で実行したりできるのです。この章では、GCPにサービスをデプロイします。

　GCPは、制限付きで製品のフリーティア（*free tier*）を提供し、12か月の無料トライアル中に使える300ドルのクレジットも提供しています。この本での作業で重要なのは、フリーティアには一つのKubernetesクラスタと5 GBのストレージが含まれていることです。それは、私たちのサービスをクラウドにデプロイするのに十分です。Googleは無料トライアルに課金しませんが、サインアップ（申し込み登録）にはクレジットカードが必要です。トライアル中はGoogleがバナーでクレジットの数と残り時間を表示するので、自分のステータスを知ることができます。トライアル期間が終了し、サービスを購入し、さらにプラットフォームを使うことを決定すると、Googleは自動課金を有効にすることを要求します。

11.1　Google Kubernetes Engineクラスタの作成

　まずはGoogle CloudのアカウントとGoogle Kubernetes Engine（GKE）クラスタを作成し、あな

---

†1　https://cloud.google.com
†2　https://aws.amazon.com
†3　https://azure.microsoft.com/ja-jp/

たのコンピュータ上のDockerとkubectlがクラウドサービスと連携するように設定するところから始めましょう。GKEはGCPのマネージドKubernetesサービスで、ワンクリックでKubernetesクラスタを作成できます。GKEクラスタはGoogleのSRE（*Site Reliability Engineer*）によって管理され、クラスタの可用性と最新性を確保してくれます。その結果、あなたは、Kubernetesではなくアプリケーションに集中できます。

11.1.1　Google Cloudにサインアップ

GCPサインアップフォーム[†4]を開き、既存のGoogleアカウントでログインするか、新たなアカウントを作成してください。フォームの指示に従い、無料トライアルを開始するまで、あなたの詳細情報をフォームに記入します。その後、次のステップに進み、Kubernetesクラスタを作成します。

11.1.2　Kubernetesクラスタの作成

Kubernetes Engineサービス[†5]に移動し、「作成」をクリックして、「GKE Standard」の構成を選択すると、**図11-1**のスクリーンショットに示すクラスタ作成フォームが表示されます。フォームの中で、名前フィールドをデフォルトのcluster-1からproglogに変更します。ロケーションの種類はデフォルトのまま（「ゾーン」）にしておきます[†6]。「コントロール プレーンのバージョン」で、「リリースチャンネル」を選択し、現在の「Regularチャンネル（デフォルト）」（日本語翻訳の時点では1.21.9-gke.1002です）を選択します。そして、ページ下部の「作成」ボタンをクリックします。ページが更新され、GCPがクラスタをプロビジョニングしていることを示すスピナーが表示されます。クラスタの準備ができると、**図11-2**のように、「ステータス」に丸いチェックマークが表示されます。

---

†4　https://console.cloud.google.com/freetrial/signup
†5　https://console.cloud.google.com/kubernetes
†6　訳注：ゾーンの値がus-central1-cとなっています。東京などに変更したい場合、asia-northeast1-cに変更してください

図11-1 Kubernetes クラスタの作成

図11-2 クラスタの準備完了

11.1.3　gcloudのインストールと認証

Google Cloud は、Google のサービスを操作するためのさまざまなツールやライブラリを含むクラウド SDK（*Software Development Kit*）を提供しています。この SDK には gcloud CLI が含まれており、Google Cloud の API と対話し、Docker を設定するために必要です。Google Cloud Developer Tools のページから、OS ごとのインストール方法[†7]に従って、最新の Cloud SDK をインストールしてください。

gcloud CLI をインストールしたら、次のコマンドを実行して、自分のアカウント用に CLI を認証してください。

```
$ gcloud auth login
```

CLI の認証が完了したので、自分のアカウント内のリソースに対して gcloud コマンドを実行できるようになりました。プロジェクト ID を取得し、以下を実行してデフォルトでそのプロジェクトを使うように gcloud を設定します[†8]。

```
$ export PROJECT_ID=$(gcloud projects list | tail -n 1 | cut -d' ' -f1)
$ gcloud config set project $PROJECT_ID
```

この環境変数 PROJECT_ID は何度か参照するので、新たなターミナル端末セッションを作る場合、この変数を再び設定するようにしてください。

11.1.4　Googleのコンテナレジストリにサービスのイメージを プッシュ

GKE クラスタのノードからサービスのイメージをプルできるようにするために、Google のコンテナレジストリ（*Container Registry*）にイメージをプッシュする必要があります[†9]。次のコマンドを実行して、レジストリにイメージをプッシュします。

```
$ gcloud auth configure-docker
$ docker tag github.com/travisjeffery/proglog:0.0.1 \
    gcr.io/$PROJECT_ID/proglog:0.0.1
$ docker push gcr.io/$PROJECT_ID/proglog:0.0.1
```

---

†7　https://cloud.google.com/sdk/docs/downloads-versioned-archives

†8　訳注：GCP にすでに別のプロジェクトを作成している場合、複数のプロジェクトが列挙されるためうまく設定されません。その場合、list の後に--sort-by=createTime オプションを追加してください。

†9　訳注：ここまでのサービス開発を Apple Silicon の macOS 上で開発している場合、arm64 用のイメージができています。クラウドにデプロイするには、amd64 用のイメージを作成しておく必要があります。そのためには、Dockerfile 内で取得する grpc_health_probe を arm64 版に変更している場合、amd64 版に戻します。さらに、Makefile の build-docker ターゲットを次のように--platform フラグで linux/amd64 を指定するように修正します。そして、再び、make build-docker を実行します。

```
docker build --platform linux/amd64 -t github.com/travisjeffery/proglog:$(TAG) .
```

　一つ目のコマンドは、DockerがGoogleのコンテナレジストリを使い、それらのレジストリのクレデンシャルヘルパー（*credential helper*）としてgcloudを使うように設定します。Dockerの設定ファイル（デフォルトでは~/.docker/config.json）を開くと、設定の変更を確認できます。二つ目のコマンドは、レジストリ名gcr.ioに対応する新たなタグを作成しています。gcr.ioレジストリは、米国内のイメージをホストしています（ただし、変更される可能性があります）。特定の地域のイメージが必要な場合、us.gcr.ioやeu.gcr.io、asia.gcr.ioもあります。三つ目のコマンドは、イメージをレジストリにプッシュしています。

11.1.5　kubectlの設定

　最後に、kubectlとHelmがGKEクラスタを呼び出せるように設定します。

```
$ gcloud container clusters get-credentials proglog \
    --zone us-central1-c --project $PROJECT_ID
Fetching cluster endpoint and auth data.
kubeconfig entry generated for proglog.
```

　このコマンドはkubeconfigファイル（デフォルトでは~/.kube/config）を、GKEのクラスタに対してkubectlを向けるための認証情報と設定情報で更新します。Helmもkubeconfigファイルを使います。

　Google Cloudプロジェクトを設定し、GKEクラスタを作成し、クラスタを管理するクライアントを設定しました。GKEにそのままサービスをデプロイすることもできますが、現在のデプロイ設定ではKubernetesがインターネット上でサービスを利用できるようにしてくれません。

　それを解決しましょう。

11.2　Metacontrollerでカスタムコントローラの作成

　何も変更せずにサービスをデプロイすれば、サービスはローカルのKindクラスタと同じように機能します。しかし、私たちはインターネット上でサービスを公開するために、デプロイの設定を拡張します。私たちのサービスはクライアント側ロードバランスなので、各ポッドには独自の静的IPが必要です。したがって、各ポッドにロード・バランサ・サービスが必要です。Kubernetesがポッドのスケールアップに合わせてロードバランサを自動的に作成し、ポッドのスケールダウンに合わせて削除してくれればよいのですが、追加設定なしではKubernetesはそれをサポートしていません。

Metacontrollerを入れる

　Metacontroller[10]は、簡単なスクリプトでカスタムコントローラを書き、デプロイできるKuber

---

†10　https://metacontroller.github.io/metacontroller/intro.html

netesアドオンです。Metacontrollerを使うと、Kubernetesの変更と連動して、私たちの変更を行えるようになります。MetacontrollerはKubernetesのAPIとのやりとりをすべて処理し、あなたの代わりにレベル・トリガー・リコンシリエーション・ループ（*level-triggered reconciliation loop*）の実行も行います。あなたは、Kubernetesの観測された状態を記述したJSONを受け取り、あなたが望む状態を記述したJSONを返すだけです。オペレータ（*Operator*）[†11]（Kubernetesを拡張するための一般的なパターン）を書く必要があるような機能をKubernetesで構築でき、オペレータが必要とするよりも少ないコードと労力で構築できます。

11.2.1　Metacontrollerのインストール

Metacontrollerをインストールするには、MetacontrollerのAPIと、APIがKubernetesクラスタのリソースを管理できるようにするRBAC認可を定義したいくつかのYAMLファイルを適用する必要があります。次の二つのMetacontrollerのAPIを使えます。

- CompositeControllerは、何らかの親リソースに基づいて子リソースを管理するために使われます。DeploymentコントローラとStatefulSetコントローラは、このパターンに当てはまります。

- DecoratorControllerは、リソースに動作を追加するために使われます。これは、ポッド単位サービス（*service-per-pod*）機能のために、私たちが必要とし、構築するコントローラパターンです。

次に、Helmを使ってMetacontrollerをインストールします。プロジェクトのルートから、次のコマンドを実行し、MetacontrollerのHelmチャートを定義します。

```
$ cd deploy
$ helm create metacontroller
$ rm metacontroller/templates/**/*.yaml \
    metacontroller/templates/NOTES.txt \
    metacontroller/values.yaml
$ export MC_URL=https://raw.githubusercontent.com\
/GoogleCloudPlatform/metacontroller/master/manifests/
$ curl -L $MC_URL/metacontroller-rbac.yaml > \
    metacontroller/templates/metacontroller-rbac.yaml
$ curl -L $MC_URL/metacontroller.yaml > \
    metacontroller/templates/metacontroller.yaml
```

次のコマンドを実行して、Metacontrollerチャートをインストールします。

```
$ kubectl create namespace metacontroller
$ helm install metacontroller metacontroller
```

---

†11　https://web.archive.org/web/20170129131616/https://coreos.com/blog/introducing-operators.html

　これで、ポッド単位のサービス機能をサポートするようにproglogチャートを更新して、サービスをクラウドにデプロイできます。

11.2.2　ポッド単位サービスのロード・バランサ・フックの追加

　サービスの StatefulSet に含まれるポッドごとにロード・バランサ・サービスを追加するDecoratorController を作成します。

　deploy/proglog/templates/service-per-pod.yaml ファイルを作成し、次のコードでDecoratorController と Metacontrollerの設定を定義します。

```
DeployToCloud/deploy/proglog/templates/service-per-pod.yaml
{{ if .Values.service.lb }}
apiVersion: metacontroller.k8s.io/v1alpha1
kind: DecoratorController
metadata:
  name: service-per-pod
spec:
  resources:
  - apiVersion: apps/v1
    resource: statefulsets
    annotationSelector:
      matchExpressions:
      - {key: service-per-pod-label, operator: Exists}
      - {key: service-per-pod-ports, operator: Exists}
  attachments:
  - apiVersion: v1
    resource: services
  hooks:
    sync:
      webhook:
        url: "http://service-per-pod.metacontroller/create-service-per-pod"
    finalize:
      webhook:
        url: "http://service-per-pod.metacontroller/delete-service-per-pod"
```

　DecoratorController は、すべての StatefulSet に `service-per-pod-label` と `service-per-pod-ports` のアノテーションを付けます。`hooks` フィールドは、コントローラがどのフックを呼び出すかを定義します。`sync` フックは、StatefulSetに必要なリソースを作成し、維持する必要があります。`finalize` は、フックが実行されてリソースの後処理を行うまで、KubernetesがStatefulSetを削除することを防ぐファイナライザを StatefulSet に追加します。現在、Metacontroller はウェブフック（*webhook*）の実行をサポートしているので、ウェブフックを実行するための内部サービスとデプロイが必要です。

　前述のコードの後に、次のコードを追加して、ウェブフックのサービスとその設定を定義します。

DeployToCloud/deploy/proglog/templates/service-per-pod.yaml

```yaml
---
apiVersion: v1
kind: ConfigMap
metadata:
  namespace: metacontroller
  name: service-per-pod-hooks
data:
{{ (.Files.Glob "hooks/*").AsConfig | indent 2 }}
---
apiVersion: apps/v1
kind: Deployment
metadata:
  name: service-per-pod
  namespace: metacontroller
spec:
  replicas: 1
  selector:
    matchLabels:
      app: service-per-pod
  template:
    metadata:
      labels:
        app: service-per-pod
    spec:
      containers:
      - name: hooks
        image: metacontroller/jsonnetd:0.1
        imagePullPolicy: Always
        workingDir: /hooks
        volumeMounts:
        - name: hooks
          mountPath: /hooks
      volumes:
      - name: hooks
        configMap:
          name: service-per-pod-hooks
---
apiVersion: v1
kind: Service
metadata:
  name: service-per-pod
  namespace: metacontroller
spec:
  selector:
    app: service-per-pod
  ports:
  - port: 80
    targetPort: 8080
```

```
{{ end }}
```

このコードでは、ウェブフック、Deployment、Serviceを定義し、フックコードのファイルをマウントするConfigMapを定義しています。コントローラは、StatefulSetが変更されると http://service-per-pod.metacontroller/create-service-per-pod エンドポイントを呼び出し、StatefulSetが削除される際に http://service-per-pod.metacontroller/delete-service-per-pod エンドポイントを呼び出します。エンドポイントのパスは、フックのファイル名と一致しています。

フックコードを置くために、hooksディレクトリを作成します。

```
$ mkdir deploy/proglog/hooks
```

hooksディレクトリに、次の create-service-per-pod.jsonnet ファイルを作成して、サービスを作成するフックを追加します。ここでは、JSONを変数、条件、演算、関数、インポート、エラーで単純に拡張しているデータテンプレート言語（*data templating language*）であるJsonnet[†12]でフックを実装しています。

DeployToCloud/deploy/proglog/hooks/create-service-per-pod.jsonnet
```
function(request) {
  local statefulset = request.object,
  local labelKey = statefulset.metadata.annotations["service-per-pod-label"],
  local ports = statefulset.metadata.annotations["service-per-pod-ports"],

  attachments: [
    {
      apiVersion: "v1",
      kind: "Service",
      metadata: {
        name: statefulset.metadata.name + "-" + index,
        labels: {app: "service-per-pod"}
      },
      spec: {
        type: "LoadBalancer",
        selector: {
          [labelKey]: statefulset.metadata.name + "-" + index
        },
        ports: [
          {
            local parts = std.split(portnums, ":"),
            port: std.parseInt(parts[0]),
            targetPort: std.parseInt(parts[1]),
          }
          for portnums in std.split(ports, ",")
        ]
```

[†12] https://jsonnet.org

```
    }
  }
  for index in std.range(0, statefulset.spec.replicas - 1)
  ]
}
```

Kubernetesは、私たちがデコレートしたStatefulSetを関数に渡します。私たちの実装では、StatefulSetの各レプリカをループし、サービスアタッチメントの一覧を構築します。所有者参照を通してのみターゲットリソースに接続される任意のリソースをアタッチできます。これはStatefulSetが削除されるとKubernetesがそれらのアタッチされたリソースを削除することを意味します。

次に、サービスを削除するためのフックを追加します。

DeployToCloud/deploy/proglog/hooks/delete-service-per-pod.jsonnet

```
function(request) {
  attachments: [],
  finalized: std.length(request.attachments['Service.v1']) == 0
}
```

StatefulSetがデコレータセレクタに一致しないか、StatefulSetが削除された場合、作成したアタッチメントを削除します。すべてのサービスがなくなったことを確認したら、Kubernetesが削除できるように、StatefulSetをfinalizedとマークします。

最後に、StatefulSetを更新し、KubernetesにこのStatefulSetをデコレートし、各ポッドのサービスを作成するように知らせる二つのアノテーションを設定する必要があります。これらのアノテーションを含めるために、statefulset.yamlで定義されているStatefulSetのメタデータを、次のように変更します。

DeployToCloud/deploy/proglog/templates/statefulset.yaml

```
apiVersion: apps/v1
kind: StatefulSet
metadata:
  name: {{ include "proglog.fullname" . }}
  namespace: {{ .Release.Namespace }}
  labels: {{ include "proglog.labels" . | nindent 4 }}
  {{ if .Values.service.lb }}
  annotations:
    service-per-pod-label: "statefulset.kubernetes.io/pod-name"
    service-per-pod-ports: "{{.Values.rpcPort}}:{{.Values.rpcPort}}"
  {{ end }}
spec:
  # ...
```

そして、これでMetacontrollerの変更はすべてです。私たちのサービスは各ポッドに対してロー

ド・バランサ・サービスを作成するはずです。では、このサービスをGKEクラスタにデプロイし
て試してみましょう。

11.3 インターネットへのデプロイ

この本の中で積み上げてきた分散サービスをクラウドにデプロイする瞬間です。次のコマンドを
実行します。

```
$ helm install proglog proglog \
    --set image.repository=gcr.io/$PROJECT_ID/proglog \
    --set service.lb=true
```

このコマンドは、GKEクラスタにproglogチャートをインストールします。イメージリポジト
リを設定して、StatefulSetがGoogleのコンテナレジストリからイメージをプルするように構成し
ています。そして、ポッド単位サービスのコントローラを有効にしました。-wフラグを渡すこと
で、サービスが立ち上がってくる様子を見ることができます。

```
$ kubectl get services -w
```

三つのロードバランサがすべて立ち上がると、クライアントがクラウド上で動作するサービスに
接続し、サービスノードが互いを発見したことが確認できます[13][14]。

```
$ export ADDR=$(kubectl get service \
    -l app=service-per-pod \
    -o go-template=\
    '{{range .items}}\
        {{(index .status.loadBalancer.ingress 0).ip}}{{"\n"}}\
    {{end}}'\
    | head -n 1)
$ go run cmd/getservers/main.go -addr=$ADDR:8400
servers:
- id:"proglog-0" rpc_addr:"proglog-0.proglog.default.svc.cluster.local:8400"
- id:"proglog-1" rpc_addr:"proglog-1.proglog.default.svc.cluster.local:8400"
- id:"proglog-2" rpc_addr:"proglog-2.proglog.default.svc.cluster.local:8400"
```

---

[13] 訳注：export ADDR=でADDRを設定している部分ですが、zshを使っている場合、シングルクォートが期待通りに処理されま
せんので、一行にして実行してください。

[14] 訳注：サービスの一覧は、次のように表示できます。この場合、ADDRには、34.66.89.123が設定されることになります。

```
$ kubectl get service -l app=service-per-pod
NAME        TYPE          CLUSTER-IP     EXTERNAL-IP      PORT(S)          AGE
proglog-0   LoadBalancer  10.48.11.143   34.66.89.123     8400:32175/TCP   71s
proglog-1   LoadBalancer  10.48.5.155    35.239.105.198   8400:30502/TCP   71s
proglog-2   LoadBalancer  10.48.12.60    34.135.24.160    8400:30638/TCP   71s
```

11.4　学んだこと

　おめでとうございます。サービスをクラウドにデプロイしました。これでインターネット上の誰もが、あなたのサービスを利用できます。Google Cloudのアカウント、プロジェクト、GKEクラスタを設定しました。また、Metacontrollerを使ってKubernetesリソースの動作を拡張するシンプルなコントローラの書き方も学びました。

　さて、この本も終わりです。ここまでに、多くの成果を上げました。あなたは、ゼロから分散サービスを作りました。サービスディスカバリ、合意形成、ロードバランスなどの分散コンピューティングの考えを学びました。あなたは、自分自身の分散サービスを作ったり、既存のプロジェクト[15]に貢献したりする準備ができています。

　この成長分野に、あなたの足跡を残してください。

---

† 15　https://github.com/avelino/awesome-go#distributed-systems

訳者あとがき

　私自身がGo言語に取り組み始めたのは、Go 1のリリース（2012年3月28日）より前の2010年8月でした。若手のエンジニアと一緒に勉強会を始めたのがきっかけでした。新たなプログラミング言語であり、今日のようにウェブサービスの開発で広く普及するとは想像できませんでした。私自身が従事したGo言語を用いた本格的なソフトウェア開発は、2013年7月から始めたLinux上でのデジタルカラー複合機のコントローラソフトウェア開発でした。私自身が開発をリーディングし、コントローラソフトウェアをテスト駆動開発で一から開発しました。

　私自身がこの本で説明されているgRPCに始めて触れたのが、2017年9月です。そして、2018年6月に（株）メルペイに入社して、Go言語によるウェブサービス開発のバックエンドエンジニアとして働き始めました。ウェブサービス開発にはそれまでは従事したことがなかったため、知らない技術要素が多くありました。Google Cloud PlatformやKubernetesは初めてであり、この本で説明されている可観測性なども含めて経験のないものが多く、独学しながらのソフトウェア開発でした。その意味で、この本が当時あれば、とても役立ったと思います。

　この本では、各章の初めに知っておくべき知識が簡潔にまとめられており、その後にハンズオン形式でコードの説明が行われています。そのため、ハンズオン形式の前まで一通りすべての章を読むことで、分散サービスに関する基礎知識を得ることができます。

　ハンズオン形式のコードについては、実際に手を動かして試してみることを勧めます。この翻訳本のコード[1]は、原著のコードとは多少異なっています。それは、私自身が実際に動作させて見つけた問題を修正したり、semgrep[2]を適用して修正したほうがよいと判断した箇所を修正したりしたからです。10章と11章では、Kubernetesが説明されていますが、Kubernetesに関しては多くの書籍が出版されているので、詳細を知るにはそれらの書籍を読まれることを勧めます。私自身も、Kubernetesに関しては、『Kubernetes in Action』[3]で独学しました。

　この本は、分散サービスに関する入門としての知識を与えてくれています。多くのソフトウェアエンジニアにとって、この本が分散サービスの知識の獲得に役立てば幸いです。

---

[1]　https://github.com/YoshikiShibata/proglog
[2]　https://semgrep.dev/
[3]　https://www.manning.com/books/kubernetes-in-action

謝辞

技術書の執筆が一人で行えないのと同様に、この本の翻訳作業も私一人だけで行えたわけではありません。誤字脱字の指摘や、日本語表現および技術的な内容に関して多くの助言をくださったレビューアに深く感謝します。レビューしてくれたのは、加藤洋平さん、佐々木直さん、清水陽一郎さん、妹尾一弘さん、浜野義丈さん、前村忠さん、與那城有さん、高恵子さんです。これらの人々の協力・助言にもかかわらず、翻訳のすべての誤りや足りない点は、私が責任を負うものです。

（株）オライリー・ジャパンの高恵子さんには、翻訳の機会を与えてくださったことに感謝します。

最後に、翻訳作業を支えてくれて、根気よく校正を手伝ってくれた私の妻、恵美子に感謝します。

柴田 芳樹
2022年6月

索 引

● 著者紹介
Travis Jeffery（トラビス・ジェフェリ）
カナダのソフトウェア開発者。Jocko、Timecop、Mocha などのオープンソースプロジェクトに取り組んだ。また、Segment 社や Confluent 社などのスタートアップをゼロから立ち上げてもいる。

● 訳者紹介
柴田 芳樹（しばた よしき）
1959 年生まれ。九州工業大学情報工学科で情報工学を学び、1984 年同大学大学院で情報工学修士課程を修了。パロアルト研究所を含む米国ゼロックス社での 5 年間のソフトウェア開発も含め、Unix（Solaris/Linux）、C、Mesa、C++、Java、Go などを用いたさまざまなソフトウェア開発に従事してきた。現在もソフトウェア開発に従事し、個人的な活動として技術教育やコンサルテーションなどを行っている。2000 年以降、私的な時間に技術書の翻訳や講演なども多く行っている。

Go 言語による分散サービス
信頼性、拡張性、保守性の高いシステムの構築

2022 年 8 月 1 日　　初版第 1 刷発行

著　　　　者	Travis Jeffery（トラビス・ジェフェリ）	
訳　　　　者	柴田 芳樹（しばた よしき）	
発　行　人	ティム・オライリー	
Ｄ　Ｔ　Ｐ	株式会社トップスタジオ	
印刷・製本	株式会社平河工業社	
発　行　所	株式会社オライリー・ジャパン	

〒 160-0002　東京都新宿区四谷坂町 12 番 22 号
Tel （03）3356-5227
Fax （03）3356-5263
電子メール　japan@oreilly.co.jp

発　売　元	株式会社オーム社	

〒 101-8460　東京都千代田区神田錦町 3-1
Tel （03）3233-0641 （代表）
Fax （03）3233-3440

Printed in Japan （ISBN978-4-87311-997-7）
乱丁、落丁の際はお取り替えいたします。